普通高等学校机械类新形态规划教材

工程静力学

王科盛　主编

科学出版社

北　京

内 容 简 介

本书主要内容包括：静力学的公理、约束和约束力、平面汇交力系及力偶系、平面任意力系、空间力系问题及摩擦等内容。全书侧重对静力学知识点内涵的解析和知识点之间关联性的解读，为读者贯通静力学的关键问题。本书由浅入深的书写方式适合不同需求的读者，介绍知识之间的关联，培养从知识体系到解决工程问题的思路。

本书是一本以工程静力学为对象，帮助读者建立解决工程问题思维模式的教材。本书适合高等院校工科类大学生使用。

图书在版编目(CIP)数据

工程静力学 / 王科盛主编. —北京：科学出版社，2019.11
普通高等学校机械类新形态规划教材
ISBN 978-7-03-062648-6

Ⅰ. ①工… Ⅱ. ①王… Ⅲ. ①工程力学-静力学-高等学校-教材 Ⅳ. ①TB121

中国版本图书馆 CIP 数据核字(2019)第 231271 号

责任编辑：邓　静　张丽花 / 责任校对：郭瑞芝
责任印制：张　伟 / 封面设计：迷底书装

科学出版社 出版
北京东黄城根北街 16 号
邮政编码：100717
http://www.sciencep.com

北京捷迅佳彩印刷有限公司 印刷
科学出版社发行　各地新华书店经销

*

2019 年 11 月第 一 版　开本：787×1092　1/16
2019 年 11 月第一次印刷　印张：7 1/2
字数：200 000

定价：39.00 元
（如有印装质量问题，我社负责调换）

前言

本书内容主要来源于一线课堂教学。最初我只是把课堂教学的点滴记录下来，零零散散的，不成体系，慢慢随着时间的推移，一届届学生毕业了，我将这些独立的讲义编成了一本书。

这些年的课堂教学，让我有一个深切的体会，学生盼望老师帮助他们把支离破碎的知识点联系起来，老师的成就感之一也是帮助学生构建知识点背后的内在关联。这绝非是一蹴而就的事情，不过学习的愉悦之处也许就在于洞悉知识背后的内在关联吧！

本书内容并没有打破传统的静力学知识体系布局，依然按照静力学的知识点逐一介绍，这样可以保证读者在看书的时候与课堂教学体系保持一致，有利于边学、边看书、边理解。本书的不同之处在于侧重知识脉络发展的讨论，用探讨式的问题牵引静力学知识的学习，目的就是让读者发现不同知识点之间的内在关联，体会人们是怎么开展工程问题分析的。从一个"跟"学者逐步向一个"领"学者迈进，唤起对工程问题的好奇与探索兴趣。

在网络和信息迅猛发展的今天，想要获得单纯的知识并非难事。教师、同学、图书馆、网络慕课、朋友圈、喜马拉雅听书等，太多的地方都可以获得知识，静力学更不例外。碎片化的知识获取已经变成当下普遍的学习模式。培养能够静下心来构建碎片化知识之间关联的能力，应该是未来的一种核心竞争力。

静力学是一门非常有用的学问，人们日常生活中常见的物品、桥梁、房屋等无一不与其相关。同时，静力学也是一个可以锻炼和培养构建碎片化知识点之间关联的绝佳练武场。知识点多、知识点的理论性和抽象性强是静力学的显著特点，想要轻而易举地把这些知识关联起来并非易事。在学习静力学的时候，如果单纯地做题，而不深入思考知识点之间的内在关联，不构建解决工程问题的思维模式，不从现有知识中提出问题，那就浪费了静力学这块宝藏，学习完了也只能窥见一片片叶子而不能看见整棵大树。

  本书侧重于静力学知识的分析、解读和关联，希望读者通过阅读本书可以更深刻地理解静力学重要知识点的内涵及其关联关系，把碎片化的知识点整合起来，同时培养和构建解决工程问题的基本思维。另外，本书每一章配有相应的视频资料，读者在阅读时可以通过视频资料来加深理解。

王科盛

2019 年 7 月于成都

目 录

第1章 静力学公理 ··· 1
  1.1 静力学公理引入 ··· 1
  1.2 静力学公理体系 ··· 2
    1.2.1 公理1 力的平行四边形法则 ··· 2
    1.2.2 公理2 二力平衡条件 ·· 3
    1.2.3 公理3 加减平衡力系公理 ··· 3
    1.2.4 公理4 作用与反作用公理 ··· 6
    1.2.5 公理5 刚化原理 ·· 6
  1.3 静力学的几个关键问题 ·· 7
  1.4 静力学的两种研究路径 ·· 8

第2章 约束和约束力 ·· 9
  2.1 约束与约束力概述 ·· 9
  2.2 典型的约束 ·· 11
    2.2.1 柔索类约束 ·· 11
    2.2.2 光滑接触面约束 ··· 12
    2.2.3 光滑圆柱铰链约束 ·· 14
    2.2.4 活动铰链支座 ·· 16
    2.2.5 其他约束 ·· 17
  2.3 初探受力分析 ·· 22
    2.3.1 受力分析概述 ·· 22
    2.3.2 受力分析的方法 ··· 22

第3章 平面汇交力系及力偶系 ··· 31
  3.1 汇交力系概述 ·· 31
  3.2 平面汇交力系的解析法 ·· 36
    3.2.1 平面汇交力系的解析法说明 ··· 36
    3.2.2 力在坐标轴上的投影与分力 ··· 37

3.3 平面力对点的矩及合力矩定理 ································ 40
3.3.1 平面力对点的矩 ································ 40
3.3.2 平面汇交力的合力矩定理 ································ 42
3.4 平面力偶系 ································ 45
3.4.1 平面力偶系的基本性质 ································ 45
3.4.2 平面力偶系的合成和平衡条件 ································ 50

第4章 平面任意力系 ································ 53
4.1 平面任意力系及力的合成定理 ································ 53
4.1.1 力的平移定理 ································ 54
4.1.2 力对点的矩和力偶 ································ 55
4.1.3 平面任意力系的合力 ································ 56
4.2 平面任意力系的简化 ································ 57
4.2.1 平面任意力系的简化结果 ································ 57
4.2.2 平面任意力系的合力矩定理 ································ 58
4.3 平面任意力系的平衡方程 ································ 62
4.4 平衡方程的其他形式 ································ 64
4.5 平面任意力系的计算 ································ 65
4.6 平面桁架问题 ································ 76
4.6.1 桁架的假设 ································ 79
4.6.2 静定桁架和静不定桁架 ································ 80
4.6.3 平面桁架杆件内力的计算方法 ································ 81

第5章 空间力系问题 ································ 89
5.1 简单的空间力系问题 ································ 89
5.2 空间力的分解 ································ 90
5.3 空间力对点的矩 ································ 91
5.4 空间力对轴的矩 ································ 93

第6章 摩擦 ································ 95
6.1 摩擦及其分类 ································ 95
6.2 摩擦的基本问题 ································ 96
6.2.1 静摩擦力 ································ 97
6.2.2 摩擦自锁 ································ 98
6.2.3 滚动摩阻 ································ 100
6.2.4 摩擦力参与的静力学简单计算 ································ 104

参考文献 ································ 111

第 1 章　静力学公理

1.1　静力学公理引入

公理和定理

　　工程力学的静力学部分所解决的根本问题是研究工程结构在平衡状态下的受力分析、受力简化方法，并提出求解的手段，指导人们开展系统性的工程问题分析与设计。应该说，工程静力学是一个绝佳的工程师系统性思维的范例。那么，该如何开始一个系统性工程静力问题的学习呢？首先，从工程力学的基石开始谈起。

　　万丈高楼平地起，盖楼需要坚实的地基。工程静力学也是同样，为了构建一个理性而系统的工程分析过程，人们建立了静力学公理体系：静力学公理是人类在长期的实践和经验中对力学现象进行概括和总结的真知灼见，它是人们对力的基本性质的抽象和提炼。必须强调的是**公理不是证明得到的结论**，而是人们在生产和生活中长期积累的**经验总结**，又经过实践的**反复检验**，被认为是符合客观实际的最普遍、最一般的规律。

　　让我们来看看静力学的五个公理，大家也可以仔细体会每个公理在日常生活中的具体应用，思考前人是如何概括、凝练和表述问题的。

1.2 静力学公理体系

1.2.1 公理1 力的平行四边形法则

作用在物体上同一个点的两个力,可以合成为一个合力。合力的作用点也在该点,合力的大小和方向由这两个力为邻边构成的平行四边形的对角线确定,如图 1-1 所示。

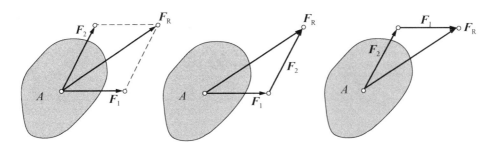

图 1-1 力的合成——平行四边形(三角形)法则示意

这个公理给出了力合成的根本方法,它告诉我们如何把两个力等效成为一个力。这里提到"作用在物体上同一点的两个力"提示我们要注意这个公理所说的是"**物体**"和"**两个力**"并且"**作用在同一点**",而不局限于"刚体"、不是"若干个力"和"作用在不同点"。

注:刚体是在运动中和受力作用后,形状和大小不变,而且内部各点的相对位置不变的物体。

> **思考**:
> (1)二力合成定理难道真的不能证明吗?能否在网络上搜索一下人们关于这个问题的已有讨论,看看人们是如何确定形成这个公理的?
> (2)在我们的日常生活中有没有二力合成定理应用的案例呢?

1.2.2 公理2 二力平衡条件

作用在刚体上的两个力，使刚体处于平衡的充要条件是：这两个力大小相等，方向相反，且作用在同一直线上，如图1-2所示两力。

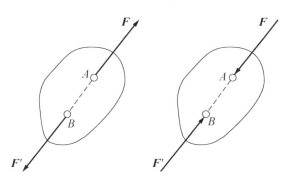

图1-2 二力平衡公理

这个公理给出了刚体在两个力作用下保持平衡状态的条件，就是必须共线反向。

> 思考：
> (1) 刚体是在运动中和受力作用后形状和大小不变，而且内部各点的相对位置不变的物体。这个公理所提到的刚体能否是一般的物体呢？比如拔河用的绳子能用这个公理吗？
> (2) 现实生活中存在刚体吗？如果对于会变形的物体，这个公理还成立吗？我们生活中什么样的结构可以认为是刚体呢？

1.2.3 公理3 加减平衡力系公理

在已知力系上加上或减去任意的平衡力系，并不改变原力系对刚体的作用。

这一公理是研究力系等效替换与简化的重要依据。有了可"加"可"减"的能力，就可以对力系开展有的放矢的研究了。

> 思考:
> 这一公理又是对刚体而言,为什么一般的物体不能成立呢?

根据上述公理 2 和公理 3,可以推导出如下两个重要推论。

推论 1　力的可传性

作用于刚体上某点的力,可以沿着它的作用线滑移到刚体内任意一点,并不改变该力对刚体的作用效果。

图 1-3(a)所示为一个刚体,在 AB 作用线上,可以把这个力 F 移动到 B 点吗?答案是肯定的,但是需要应用加减平衡力系公理来证明。如图 1-3(b)所示,在 B 位置增加一对平衡力 F_1 和 F_2,并且令该力的大小恰好等于力 F。此时,F 和 F_2 构成了一对新的平衡力,根据加减平衡力系公理,可以减去这对新组成的平衡力,其等效结果如图 1-3(c)所示,这样也就将原来的力 F 移动到了 B 位置。

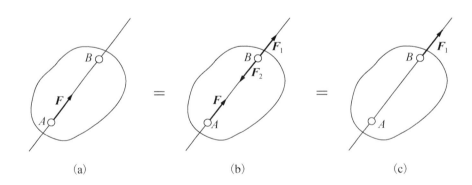

图 1-3　利用加减平衡力系公理证明力的可传性

> 思考:
> 力的可传性原理也是对刚体而言的,对于真实的工程构件可以应用吗? 比如钢梁结构件或者拖拽的柔绳?

推论2 三力平衡汇交定理

若刚体受三个力作用而平衡，且其中两个力的作用线相交于一点，则此三个力必共面且汇交于同一点。

证明：

这个定理的证明需要用到前面介绍的力的合成公理和二力平衡公理。首先，图 1-4(a)所示的一个任意刚体受到 F_1、F_2 和 F_3 三个力作用而平衡，且 F_1 和 F_2 两个力的作用线相交于 A 点，将 F_1 和 F_2 进行合成，得到图 1-4(b)中的力 F，在这种等效情况下，刚体处于平衡，又只受到两个力的作用，那么这两个力必然大小相等，方向相反，作用在同一条直线上，也就是说 F_3 一定通过 F_1、F_2 的汇交点 A，至此定理得证。

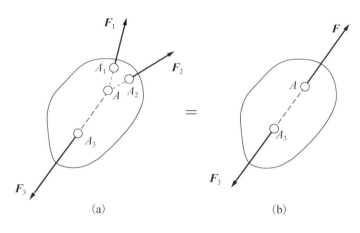

图 1-4 三力汇交定理的证明

> 思考：
>
> (1)三力汇交定理与三角形稳定结构有什么关联？生活中有没有这个定理的应用案例？
>
> (2)一定是三力汇交吗？有没有可能是四个、五个或者更多力汇交于一点而确保刚体保持平衡？
>
> (3)汇交于一点的力系一定是平衡的力系吗？

1.2.4　公理 4　作用与反作用公理

两个物体间的作用力与反作用力总是同时存在，且大小相等，方向相反，沿着同一条直线，分别作用在两个物体上。若用 F 表示作用力，F' 则为反作用力。

该公理表明，作用力与反作用力总是成对出现，但它们分别作用在两个物体上，因此不能视作平衡力。

> 思考：
> (1) 这个定理就是牛顿的第三定律，它与前面的公理在对象上有哪些不同？（提示：刚体、物体）
> (2) 作用力与反作用力有点类似"以眼还眼，以牙还牙"的方式，但两者肯定不同，你如何理解？

1.2.5　公理 5　刚化原理

变形体在某一力系作用下处于平衡，如果将此变形体刚化为刚体，其平衡状态保持不变。

图 1-5　拔河绳子受力示意图

这一公理提供了把变形体抽象为刚体模型的条件。如拔河游戏中的柔性绳索（图 1-5），在等值、反向、共线的两个**拉力**作用下处于平衡，可将绳索刚化等效为刚体，其平衡状态不会改变。若绳索在两个等值、反向、共线的**压力**作用下不能平衡，这时的绳索则不能刚化为刚体。但对于刚体而言，在上述两种力系(拉和压)的作用下都是平衡的。由此可见，刚体的平衡条件是变形体平衡的必要条件，而非充分条件。

刚化原理建立了刚体与变形体平衡条件的联系，提供了用刚体模型来研究变形体平衡问题的可能。在刚体静力学的基础上考虑变形体的特性，可进一步研究变形体的平衡问题。这一公理也是研究变形体平衡问题的基础，刚化原理在力学研究中具有非常重要的地位。

> **思考：**
> 能否举个生活中的案例说明一下这个公理？

1.3 静力学的几个关键问题

静力学是从哪里开始的？

静力学可以追溯到一个著名的历史人物阿基米德(公元前 287 年—公元前 212 年)。阿基米德对杠杆和浮力的研究是大家比较熟悉的，其实这些研究的一个重要根基就是静力学。但是很遗憾，阿基米德并没有就此而建立静力学体系。经过了大约 1800 年，在公元 1600 年，荷兰数学家西蒙·斯蒂文，提出了平行四边形公理，自此力可以合成了，静力学的分析体系也逐步完善和建立了起来。所以，现代意义的静力学其实也不过 400 来年。

什么是静力学呢？

静力学是一门研究关于物体受力和其保持平衡的科学。因此，静力学的关键就是平衡和力。学习的重点要放在理解平衡和分析受力上。

几乎所有工程力学教材的开篇都会从静力学公理开始,这是为什么呢?

其实这里蕴含着人类进行理性思维的一个基本方法:在具体的生产实践中提炼出普遍适用的根本性经验,然后基于这些经验发展出一门学问,解决实际的问题。**房子的基石奠定好了,修一栋好房子就知道从哪里开始了。**

1.4 静力学的两种研究路径

静力学是经典力学的重要组成部分,其研究路径也是比较成熟和完备的。基本上来说静力学的研究有两条路径:一条路径是直接研究力的性质与平衡,本书就是沿着这样的思路展开讨论的;另一条路径是研究位移,并且把位移和外力在位移上做功联系起来,这就需要用到虚位移原理来讨论问题。

牛顿是完成第一条路径的核心人物,但就第二条路径来说,他却很难说有多少贡献。前者是从力而后者是从几何来分析静力问题的。或者从力学上来说,前者的核心是"平衡",后者的关键是"虚功原理"。也许,初学者对上面的讨论会感到没有头绪。不用担心,继续学习动力学相关的知识(达朗贝尔原理、虚功原理),这些讨论自然可以理解。但是在本书的开篇说明静力学的研究路径是十分有必要的,也就是说本书所讨论的内容并不是解决静力学问题的唯一方法,还可以从另一条路径展开研究。

第 2 章　约束和约束力

2.1　约束与约束力概述

关于约束

首先,"约束"既可以作为名词也可以作为动词。作名词时,约束是一种具体的结构或物体,比如,铁轨限制火车轨迹,书桌限制书掉到地面,这两个例子中铁轨和书桌就是约束。当约束作为动词时,约束就是一种行为,比如限制运动或限制自由。也许你会马上想到约束你的人,比如大学里的辅导员老师、家长等,但是我们这里的约束行为不是来自于人,而是来自约束结构或物体。在工程力学里,会专门讨论一些典型的约束结构。有约束必然会有约束力,那么什么是约束力呢?顾名思义,当有了这样的约束结构,也就限制了物体的运动,这种限制需要用力来实现,所以就产生了约束力。那么我们为什么要讲约束呢?约束能起到什么作用呢?研究约束力又是做什么呢?

其实很简单,我们学习的是静力学,什么东西可以把结构固定不动实现"静"呢?约束就可以。**若物体的运动受到其他物体的限制,这些构成限制的物体就称为约束。**

如果没有约束，我们看到的世界就会乱成一团，房屋、高铁、汽车到处飞，这将是怎样的世界啊！典型的工程约束，比如：房顶受到钢筋立柱的限制而固定不动，汽车受到地面的支撑而在地面上行驶，转轴受到轴承限制而只能绕轴心转动等。

那么，有没有不受限制的物体呢？

通常，我们把不受限制的物体称为自由体，它们的运动不受任何限制，例如在空中飞行的炮弹、火箭等都可以认为是自由体。当然，如果把地心引力、空气阻力等因素算为约束，这些物体也是受到约束的。在这个宇宙当中，没有约束也许是一件很可怕的事情。总的来说，在我们周遭的这个世界里，绝对自由的物体几乎是不存在的。

那是不是可以说约束力就是约束产生的力呢？

这个表述其实是不太合适的，约束本身通常是不会产生力的，比如，铁轨是不会产生力的，是由于火车在上面行驶，有离开铁轨的运动趋势，铁轨限制其运动而产生了约束力。约束力的定义是：**约束加给被约束物体的力称为约束力**。用火车的例子来说明，火车这个被约束的物体不想被铁轨这个约束而束缚，想要"越轨"，那么铁轨这个约束此时就会给火车力的作用，这里的约束力是由于火车的运动而产生的，并不是铁轨自己具备产生力的能力。

我们以前在分析受力的时候，力都是有方向的，很自然地，约束力有方向吗？方向怎么确定？

一般来说，物体受到的力可以分为两类：一类是主动力，主动力是引起物体运动或使物体产生运动趋势的力，它是外驱力，如物体所受到的重力，人们敲钟时的锤击力。另一类是约束力，是对物体的运动或运动趋势起阻碍作用的力，通常是未知力。也就是说，约束力是由主动力引起的，它是一种被动的反作用力，所以约束力也称为约束反作用力，简称约束反力。那么它的**方向也就和约束限制物体的运动或者运动趋势方向相反**。

再举个例子说明：书放在桌子上，这里桌子是约束，重力是主动力，如果没有桌子的约束，书会掉到地上，那么这时的约束力呢，就是与物体的运动趋势方向(掉向地面)相反,即约束力为竖直向上,这个力也就是我们通常所说的支持力。

下面我们来看看有哪些具体的约束和它们的作用。

2.2 典型的约束

2.2.1 柔索类约束

柔索类约束是人们生活中常见的一类约束,如悬挂吊灯的柔绳、带传动中的皮带等。这一类约束的特点就在"柔"字上,因为"柔"所以这类约束不是刚性的约束。比如,柔索悬挂的吊灯可以往上托举起来而掉不下去;如果带轮传动速度太快,皮带上的物体会打滑等。这样的柔性约束受力也有其自身的特点:**柔索约束的受力方向总是沿着柔索的方向而背离所系的物体。**

我们来看吊灯的例子,吊灯的受力一定是竖直向上,沿着吊灯绳子的方向背离吊灯,如图2-1(a)所示。那么,皮带轮上的皮带如果假想地从中间切开,分析左半边的皮带轮和左侧皮带,那么受力也一定是沿着皮带的方向背离皮带轮。我们也可以这样来理解,皮带轮在工作的时候,皮带必然是被收紧的,那么假想地切开皮带,收紧的皮带必然是要箍紧带轮的,所以受力是如图2-1(b)所示的背离带轮。

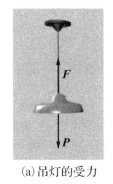
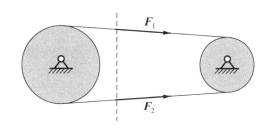

(a) 吊灯的受力　　　　　　　(b) 皮带轮上的皮带受力

图 2-1　柔索类约束

> 思考：
> （1）自行车链轮上的链条和前面两个例子柔索约束的区别在哪里？该如何分析受力呢？
> （2）带轮传动在皮带各个不同位置上的受力是一样的吗？这个力有什么样的特点呢？如果考虑皮带的重量、带轮的形式等因素，我们上面的受力分析还是否合理呢？

2.2.2 光滑接触面约束

光滑接触面约束是另一类非常重要的约束，但是很显然光滑的接触面在人们的生活中是几乎不存在的，但是如果从简单的光滑平面开始切入讨论工程问题，可以大大简化工程问题的复杂性，抓住问题的主要矛盾，这就是牵牛要牵牛鼻子的道理。

举例来说，图 2-2 所示的一些典型光滑平面约束情况，书本放在光滑的桌面上（图(a)），滚柱放在光滑的平面上（图(b)），滚柱放在光滑的弧形滑槽里（图(c)）。这几个例子如果抓住它们受力的主要矛盾，忽略实际存在的并且数量级较小的摩擦，那么可以把它们的受力进行非常简单的分析。如图 2-2 受力分析所示，不难发现，图(a)、(b)中受力方向垂直于接触点处的光滑平面，对于弧形滑槽的情况（图(c)），受力沿着两个曲面圆心的连线，也就是沿着两个曲面在接触点处的公法线方向。

很自然地，为什么约束力是垂直于光滑平面呢？为什么不能沿着光滑平面或者不垂直于平面呢？其实也很简单，我们不妨这样思考，如果存在不垂直于光滑平面的力，那么就必然要求存在摩擦力，以使得被分析的物体保持平衡。然而，这与题设的光滑平面出现了矛盾。因此，在考虑光滑平面的受力分析时，约束力必然垂直于光滑平面。另外，尽管实际情况下约束力（支持力）也许不是完全垂直于平面，但是受力的主要部分就是支撑向上的支持力，摩擦在此时确实可以忽略，从而简化分析过程，抓住主要矛盾。

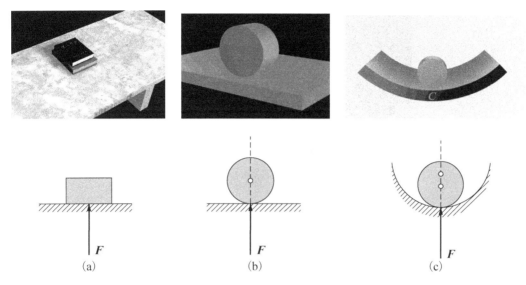

图 2-2 光滑平面约束

我们把上面抽象的案例扩展到真实的工程问题进行分析，三种不同类型的轴承，如图 2-3 所示。前面的分析对于真实工程问题仍然适用，如果在不考虑摩擦的情况下，轴承内的滚动体在平面内的受力分析也是比较简单的，如图 2-3 所示的滚动体受力分析。之所以可做如此的简化，另一个根本原因是因为大多数轴承的工作场合，需要大量的润滑脂润滑。因此，滚动体和轴承内外圈之间的摩擦相对较小，忽略不计也是比较合理的。这样的简化是过于简化了受力分析，其实轴承的内外圈、保持架都对滚动体有作用，所以真实情况的受力一定是更为复杂的。

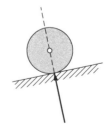

(a) 止推轴承

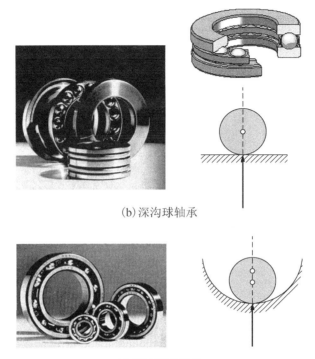

(b)深沟球轴承

(c)圆柱滚子轴承

图 2-3 三种不同类型轴承滚柱和滚珠的受力分析

> 思考：
> (1) 如果考虑轴承的摩擦力，怎么分析受力呢？
> (2) 这三种不同类型的轴承都有什么样的功用呢？如果想知道它们各自的具体应用情况，请你上网搜索一下相关的知识。

2.2.3 光滑圆柱铰链约束

下面介绍另一种很常见的约束，光滑圆柱铰链约束。与光滑平面约束类似，这里也有同样的定语"光滑"，所以此处的约束也忽略了摩擦。举例来说明光滑圆柱铰链约束，如图 2-4(a)所示为一个铰链结构示意，如果只考虑平面问题，那么这个结构的受力分析如图 2-4(b)所示。

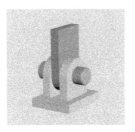
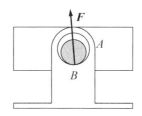

(a) 光滑圆柱铰链示意　　　　　　(b) 光滑圆柱铰链约束平面内受力

图 2-4　光滑圆柱铰链约束

为什么圆柱销上的受力要画成图 2-4(b)那样呢？如果这里的圆柱销和法兰的内侧面都是光滑的，那么这个结构与上面分析的光滑平面约束有本质的区别吗？其实是没有的。所以，这里的受力是按照光滑平面受力分析的原则，通过圆柱的柱心和圆柱与法兰内侧的接触点的连线，或者说是接触点处两个曲面的公法线方向。

不难发现，圆柱销与法兰的接触点会随着摆杆的摆动而停留在不同的位置，这也就意味着这里的受力会不断变化。在静力学里面分析一个方向可能不断变化的力显然是不容易的，那么能否将这个存在变化的受力转化成相对固定的呢？我们可以做如下的处理。

如图 2-5 所示，一个光滑圆柱铰链处圆柱销的受力可以简化成图 2-5(b)所示两个互相垂直的力。此处利用第 1 章的二力合成公理，不过需要利用它的特殊情况，当两个力是互相垂直的时候，合力就是两个力的对角线，而不同的两个力会得到不同方向的合力，这样也就实现了把方向无法确定的力，表达在两个固定的方向上。这里要特别强调的是，虽然这里画出了两个力，但是实际此处就是一个力，只是通过力的分解把它分解到两个固定的方向上从而简化受力分析计算，在后面也要用到这个重要结论：**铰链处其实就是受到一个约束力的作用**，为了便于表达，表示成两个相互垂直方向上的力。其物理含义可以理解为，任意方向的力在两个相互垂直方向上的作用效果。

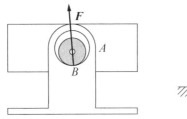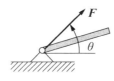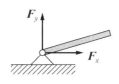

(a)光滑圆柱铰链约束受力图　　(b)光滑圆柱铰链约束受力的通常画法

图 2-5　光滑圆柱铰链受力分析简化

> 思考：
> (1)这里采用的是互相垂直的两个力的方向，是否可以用不互相垂直的两个方向来表达呢？为什么？
> (2)为什么人们总是用互相垂直的两个方向来表达位置关系？能不能搜索一下这个"惯例"的出处以及它的"好处"？(提示：笛卡儿坐标系。)

2.2.4　活动铰链支座

光滑圆柱铰链约束也是很常见的约束，在我们的身边很多地方可以发现类似的结构。例如，拖车的轮子、自行车的轮子、滑动门的轮子底座等。前文讨论的铰链连接是固定不动的或者是固定在某个结构上的，如果这个铰链结构可以相对滑动，就成为了活动铰链支座，其示意如图 2-6 所示。

活动铰链支座是铰链支座的特例，受力分析如图 2-6(b)所示。其受力分析非常简单，活动铰链支座就是把原来的固定连接改成辊子(真实结构当然不一定是辊子)，两个结构可以发生相对滑动，如果可以滑动，而且忽略摩擦力，那么原来水平方向上的力也就随之消失了。

(a) 活动铰链支座

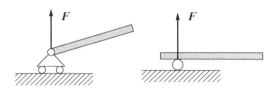

(b) 活动铰链支座受力

图 2-6　活动铰链支座

> **思考：**
>
> （1）如果进一步去掉活动铰链支座下面的轮子，只保留一层空气或者油膜，这样的结构有什么特点呢？能否上网搜索一下"悬浮"结构的应用和它相关的问题？
>
> （2）为什么水平方向上的力必须消失？如果不消失，在水平方向上有力存在，是什么样的情况呢？

2.2.5　其他约束

随着工业技术的不断发展，无论是工业产品还是建筑结构的形式都展现出千变万化的趋势，因此前面介绍的几种约束形式显然是不能囊括所有情形的。但是，在进行约束受力分析的时候一些最根本的原则是不会变的：**约束力的方向总是与物体运动方向或运动趋势方向相反。**

1. 球铰链

请自己尝试分析一下，图 2-7 所示台灯座的球铰链受力。提示：沿着光滑平面约束的思路考虑受力，此时的受力应该是在空间之中而非平面问题。

图 2-7 球铰链约束

2. 插入端约束

接下来，再考虑一个常见的约束，有别于前面的约束类型。如图 2-8 所示，在家居装饰里常用到一种墙壁上的凸出平台，安装完成后，也许你会问自己：这个平台结实不结实啊？

那么，我们就来分析一下这种凸出平台的受力。应用前面的基本方法，约束力的方向与物体运动方向或者运动趋势的方向相反。从简单的平面问题展开分析，那么平台有哪些主要的运动趋势呢？显然平台是不能动的。不能掉下去，不能左右移动，而且还不能做旋转运动，把这三种形式的约束画出来，如图 2-8(b) 所示。平台既不可以上下左右移动（F_x 和 F_y），又不可以发生在平面内的转动（M_A），这个凸出平台在平面内的受力分析就完成了。需要注意的是，这里在受力图中引入了力偶（M_A），用来表达限制转动这个运动趋势。在后面的章节也将继续学习这一知识点，不过在这里我们至少可以知道，力偶是与旋转运动相关的。

(a) 凸出的平台

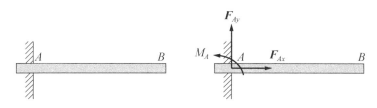

(b) 凸出平台的受力

图 2-8　插入端约束

> 思考：
>
> (1) 上面的凸出平台的结构，通常被称为插入端约束，那么插入端约束的两个方向的受力可不可以合成呢？如果合成了，那么这个约束结构的受力图该如何画？
>
> (2) 前面我们考虑的都是平面内的情况，真实结构的空间问题会有什么区别吗？

3. 二力杆件

在工程结构中，还有这样一些很常见的工程建筑，如图 2-9 所示。

图 2-9 所示结构中的钢杆受力该怎么分析呢？这种结构称为桁架。桁架是一种由杆件彼此在两端用铰链连接而成的结构。桁架杆件主要承受轴向拉力或压力，从而能充分利用材料的强度，在跨度较大时可比实腹梁节省材料，减轻自重

和增大刚度。简言之，桁架结构既轻便又结实还比较美观，所以至今都被广泛地应用，最为熟悉的就是法国巴黎的埃菲尔铁塔。

图 2-9　典型的桁架结构

桁架结构的显著特征是一根根彼此在两端连接而成的杆件，如果可以分析每一根杆件的受力，就可以把桁架结构的受力分析清楚了。下面分析图 2-10 所示的铁路桥桁架结构。

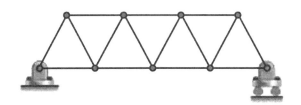

图 2-10　铁路桥桁架结构示意图

为了把问题的本质分析清楚，先简化一些具体的细节。图 2-10 中的杆件连接处近似看作铰链连接，忽略杆件的自重或者假想杆件的自重都均匀地分配在两端的连接处，把杆件看作刚体来分析。由前面的光滑圆柱铰链连接的约束力分析可知，我们曾经强调过，铰链处所受的约束力其实就是一个，虽然方向不能明确，通常把它表示成为 x 和 y 方向的两个分力，其实就是一个力。一根杆件两端分别用铰链连接，也就意味着杆件只受到两个力的作用而保持了静止（平衡，此处忽略重力）。这里应用静力学的二力平衡公理，作用在杆件两端的力，必须大小相等、方向相反、作用在同一条直线上。如果任意取出一根杆件来分析受力，则受力分析如图 2-11 所示。

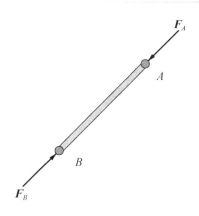

图 2-11　杆件的受力图

这类杆件在工程当中被广泛应用，因此引入二力杆的概念：两端用光滑铰链与其他构件连接且不考虑自重的刚杆，称为双铰链约束刚杆，简称二力杆，受力方向为沿着杆件的方向。桁架结构在第 3 章详细讨论，但是不难看出，如果复杂的桁架结构中每根杆件都可以当作二力杆来分析，则会极大地简化桁架结构的工程问题。

> 思考：
>
> (1) 二力杆是一个理想情况的受力分析，上文做了几个假设：两端是光滑圆柱铰链连接、杆件自重忽略等。能否分析一下，二力杆的模型与实际结构的差别？为什么可以做这些假设呢？
>
> (2) 图 2-12 中的支撑 AB 也是二力杆，它的受力图如何画？与直杆有区别吗？

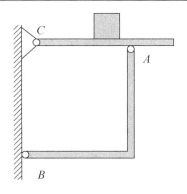

图 2-12　折杆支撑结构

2.3 初探受力分析

2.3.1 受力分析概述

首先，我们来讨论一下，为什么要做受力分析。必须肯定地说，这是工程师理性分析问题的一种有效工具，但是它绝不仅仅是一个简单的方法。在作者看来，采用受力分析的方法来解决工程静力学问题是一种重要的哲学思想。如严复先生在《原强》一文中论到"顾彼西洋以格物致知为学问本始"；如我国古老思想体系中《大学》论说"物格而后知至"。简单地说，想要研究复杂的问题，就应先从分析细节处入手——化整为零、各个击破，受力分析就是化整为零的方法，它服务的对象是整个复杂结构的受力问题。学习受力分析的时候，千万不要把它只当成一个枯燥无味的知识模块，它是整个工程力学分析的根基，不过分地说没有了受力分析也就没有了本书的所有内容。

画好本书中题目的受力图其实并不难，但是能否把本节的受力分析思想，应用到具体的实际工程问题中却绝非易事。希望读者在学习本节内容的时候，时刻提醒自己：为什么这样画受力，真实情况是这样的吗？请各位仔细揣摩受力图绘制的个中滋味。行文至此，本书的讲述就像在讨论一座房子的设计，首先讨论房子的地基（公理体系），然后讨论各种房子结构之间的关系（约束和约束力），最后要讨论这个房子的承载能力（受力分析）。

2.3.2 受力分析的方法

受力分析的过程其实是相对比较固定的，总结如下：将所研究的物体或物体系从与其联系的周围物体或约束中分离出来，并分析它受几个力的作用，确定每个力的作用位置和力的作用方向，这样就完成了物体的受力分析。

受力分析过程的主要步骤如下。

(1) 确定研究对象，取出分离体。

这个步骤也就是"格物"的过程。把待分析的某物体或物体系统称为研究对象。明确研究对象后，需要解除它受到的全部约束，将其从周围的物体或约束中分离出来，单独画出相应简图，称为取分离体。

读者在涉猎其他领域知识的时候，也会发现类似的解决问题方式：当我们想关注复杂问题中的某个环节时，不妨把它与周遭隔离开，集中注意力，仅立足于这个环节上，分析来自周遭环节的影响，通常会对分析的问题获得一个清晰而准确的认识。

(2) 画受力图。

受力分析

这个步骤也就是"知至"的过程。在分离体图上，画出研究对象所受的全部主动力和所有去除约束处的约束力，并标明各力的符号、受力位置和方向。这样得到的物体受力状态简图，称为受力图。

画受力图的过程也可以说是一个研究"相互关系"的过程。主动力通常是比较明确的，比较容易确定的。例如：重力竖直向下、拉力和推力直接与施力者相关。然而，约束力就必须透彻了解约束的特点，只有这样才能分析清楚约束力与约束之间的相互关系，从而准确地画出约束力。值得特别注意的是，在真实世界里，工程约束的种类极其繁多，虽然，我们已经介绍了一些典型约束及其约束力的画法。但是，画受力图的时候，应时刻铭记，无论遇到什么样新奇的结构，保持"不忘初心，牢记使命"的分析态度，瞄准寻找约束力与约束之间的关系这个初衷不放，就一定可以理清约束的性质和特点，之后按照**约束力的方向总是沿着约束阻碍物体运动或者运动趋势的方向**这一原则，就可以成功地完成受力分析。下面让我们来尝试一下。

【例 2-1】 图 2-13(a) 所示重量为 G 的均质杆 AB，其 B 端靠在光滑铅垂墙的顶角处，A 端放在光滑的水平面上，在点 D 处用一水平绳索拉住，试画出杆 AB 的受力图。

解： (1) 确定对象为杆 AB，将它分离，画在右侧。

(2) 按照先画主动力、再画约束力的顺序画图。

其中，主动力为杆件的自重，约束为柔绳、墙角和地面。它们分别可以看作是柔索约束和光滑平面约束，按照柔索约束力背离物体沿着绳子方向，光滑平面约束垂直光滑平面的原则绘制受力图，如图2-13(b)所示。

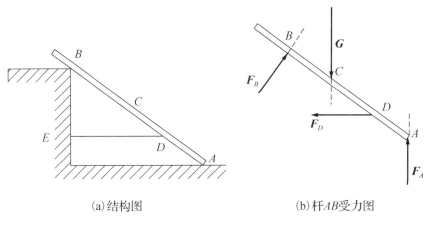

(a) 结构图　　　　　　(b) 杆AB受力图

图2-13　例2-1结构及受力分析

【例2-2】在图2-14所示的平面系统中，匀质球A重W_1，借本身重量和摩擦不计的理想滑轮C和柔绳维持在仰角是α的光滑斜面上，绳的一端挂着重W_2的物体B。试分析物体B、球A和滑轮C的受力情况，并分别画出平衡时各物体的受力图。

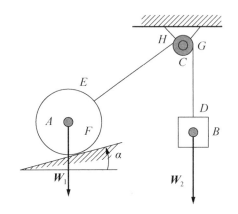

图2-14　例2-2结构及受力分析

解：(1) 画出物体B的受力图(图2-15)。这个受力图比较简单，但是要注意的是，画图的时候要把力画在力的作用点处，例如：重力在重心，拉力在绳子的连接处。

(2) 画出球 A 受力图(图 2-16)。球 A 受到的主动力是重力，约束是光滑的斜面和绳子，所以按照光滑平面约束和柔索约束的画图原则画出约束力，同样要把力画在作用点上，注意这三个力满足三力汇交定理。

图 2-15　物体 B 受力图　　　　　　图 2-16　球 A 受力图

(3) 画出滑轮 C 的受力图(图 2-17)。理想滑轮忽略它的自重和摩擦，那么滑轮就没有主动力只有约束力。滑轮有两个约束，一个是绳子，另一个是固定的转轴。绳子就是柔索类约束，所以约束力是沿着绳索背离滑轮。要特别注意的是，因为绳索里的力在前面两个图中已经画出来了，所以这里需要用作用力和反作用力公理，把约束力画出来，为了以示区别，在力的上面增加一撇。轮子的转轴处是光滑圆柱铰链连接，前面特别强调过，铰链连接处是一个约束力。所以此时的滑轮受到三个力而平衡。应用三力汇交定理，可以得到滑轮的受力图。

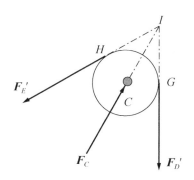

图 2-17　滑轮 C 受力图

> 思考：
> 滑轮的大小对受力分析有无影响呢？

图 2-18 是把滑轮放大的受力图，绳子两端的力大小不变化，那么滑轮轴处的约束力也不会改变大小。因此，理想滑轮仅改变绳子的方向，而不改变绳子拉力的大小。

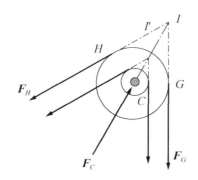

图 2-18　不同大小滑轮受力图

【例 2-3】等腰三角形构架 ABC 的顶点 A、B、C 都用铰链连接，底边 AC 固定，而 AB 边的中点 D 作用有平行于固定边 AC 的力 F，如图 2-19 所示。不计各杆自重，试画出 AB 和 BC 的受力图。

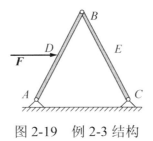

图 2-19　例 2-3 结构

解：（1）杆 BC 所受的力。

因为 BC 杆为二力杆，所以约束力沿着杆件，由图 2-19 可以分析出，BC 杆受压，则约束力画成图 2-20 形式。特别提醒，二力杆通常比较容易识别，因此画受力图时建议先画二力杆。

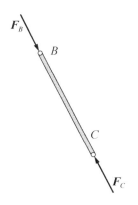

图 2-20 杆 BC 受力图

(2) 杆 AB 所受的力。

如图 2-21 所示，AB 杆受到一个中点上的主动力；B 铰处的受力，由 BC 杆的受力分析可知 F'_B 沿着 BC 杆的方向来确定 (作用力和反作用力)；A 铰处可以画成 x 和 y 两个方向的受力，也可以按照三力汇交定理画出受力的方向。

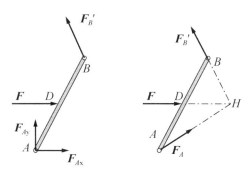

图 2-21 杆 AB 受力图

> 💭 思考：
> BC 杆上的力可不可以画成相反的方向呢？会有什么后续的影响吗？

【例 2-4】图 2-22 所示平面构架由杆 AB、DE 及 DB 铰接而成。钢绳一端拴在 K 处，另一端绕过定滑轮 I 和动滑轮 II 后拴在销钉 B 上。重物的重量为 G，各杆和滑轮的自重不计。试分别画出整个系统以及各杆、各滑轮和销钉 B 的受力图。

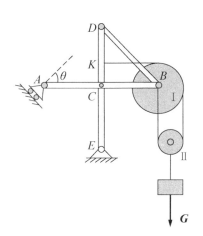

图 2-22　例 2-4 结构

提示：销钉如果与若干个物体相连，那么需要分别分析各个相连物体的受力后，再画销钉处的受力。

解：(1) 分析整体受力。

首先，系统的主动力为重力 G，A 处为活动铰链支座，所以受力方向为垂直斜面方向（注意可以垂直向上，也可以向下）。铰支座 E 处可以画成 x 和 y 方向受力的形式，如果这里把系统看成是刚体，那么可以应用三力汇交定理确定 E 支座位置的受力，受力如图 2-23 所示。

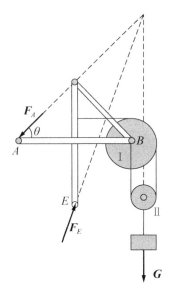

图 2-23　系统的受力图

(2) 分析各个杆件受力。

如图 2-24 所示，将各个杆件分离出来。其中，DB 杆为二力杆，AB 杆为三处铰链连接，铰链连接处按水平 x 和垂直 y 方向分别画受力即可，唯一不同之处是 A 铰处由前面整体分析已经画出了受力，此处只需要按照整体受力图画出即可。DE 杆也是一个三处铰链连接的杆件，此外还有一处柔索约束，按照这些约束的规则画出受力如图 2-24 所示。

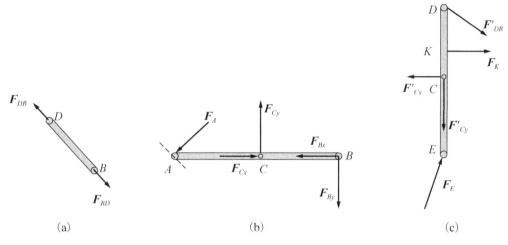

图 2-24 各个杆件受力图

(3) 分析滑轮的受力。

滑轮主要为柔索约束，约束力为沿着绳子的方向背离物体，这样可以很容易画出滑轮的约束力，如图 2-25 所示。注意滑轮 I 的画法应用了三力汇交定理。滑轮 I 和 II 之间的受力是作用力与反作用力，要注意力的书写形式。

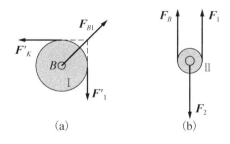

图 2-25 滑轮的受力图

(4) 分析销钉的受力。

销钉的受力是最不容易处理的一类受力分析。如果记得受力分析过程就是"厘清被分析物体与周遭约束之间的关系"这个根本要点，那么销钉的受力分析也就迎刃而解了。此时，销钉与杆件 AB、BD 直接相连发生关系，而且都是铰链连接，需要把前面作用在 AB、BD 上的力反作用到销钉上。销钉还与滑轮Ⅰ和绳索有约束关系，同样地把前述这些力在前面滑轮Ⅰ和滑轮Ⅱ的受力分析中找到，按照作用力与反作用力的思路画在销钉上。这样与销钉发生约束关系的四处约束就都可以把约束力画出来了，如图 2-26 所示。

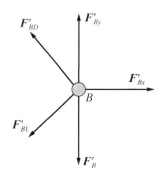

图 2-26 销钉的受力图

这里要特别注意：若销钉上连接的刚体数大于 2（如本题），则必须将销钉作为单独的隔离体进行受力分析，或将销钉明确地依附于一个确定的刚体上分析。

> **思考：**
> (1) 如何画销钉 B 与滑轮Ⅰ一起的受力图？如何画杆 AB、滑轮Ⅰ、滑轮Ⅱ、钢绳和重物作为一个系统的受力图？
> (2) 前面的受力分析图没有考虑力的大小，只确定了力的方向，那么如何考虑力的大小呢？

第 3 章 平面汇交力系及力偶系

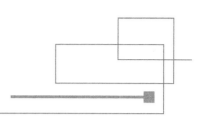

3.1 汇交力系概述

汇交力系是作用在物体上的力都汇交于一点。这样的力系是十分常见的,也是最简单的力系之一,例如吊车上的吊钩吊重物,如图 3-1(a)所示。如果将汇交力系抽象起来画在刚体上,可得如图 3-1(b)所示的示意图。下面就先来解决这类力系的受力分析问题,为什么要从汇交力系开始呢?

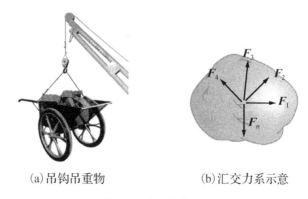

(a) 吊钩吊重物　　　　(b) 汇交力系示意

图 3-1　汇交力系

第 2 章主要关注的是物体与约束的关系以及画受力图,并没有研究如何求出力的大小。本章先从最简单的汇交力系入手，重点讨论如何求出力的大小，简言之，先找一个"软柿子"捏，然后再去分析复杂的。之所以从汇交力系开始分析是因为它比较简单。

如果想求出受力的大小，即便是平面汇交力系这样简单的问题，还是要思考一下我们已经有的工具，利用已知的求出未知的，也就是说我们必须在已有的知识基础上分析汇交力系问题。因为汇交力系涉及若干个力相互作用在同一点，所以很自然地就会想到公理中的力的合成定理。力的合成定理是采用平行四边形法则或者是三角形法则把汇交的两个力加起来。沿着三角形法则的思路展开，如果想求出若干个汇交力的合力，其实就是若干个二力合成的过程。将其中两个汇交力合成形成一个子合力 F_{R1}，这个子合力再与另一个力合成，形成下一个子合力 F_{R2}，如图 3-2(a)所示的合成过程；这样不断进行下去，就可以合成出汇交力系最终的合力，如图 3-2(b)所示的过程，这最终合力就是汇交力系的合力 F_R。

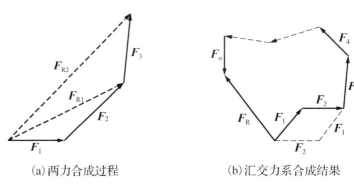

(a)两力合成过程　　　　(b)汇交力系合成结果

图 3-2　汇交力系的力合成

汇交力系合成
的几何法

这个过程是利用几何的方法(三角形法则或者平行四边形法则)求汇交力系的合力。不难发现，**求合力的过程就是把所有力首尾相连，从起始力的首画向末尾力的尾所构成的力矢就是汇交力系的合力**。如果汇交力系合力有值，说明系统有合外力，那么系统就不会保持静止。而对于处在静止状态的静力问题，合力一定是等于零的，或者说：**汇交力系的各个分力在首尾相接以后，形成一个力封闭多边形，那么这个力系的合力就为零**。所以，我们可以依据这种几何分析方法分析汇交力系，通过多边形的几何关系求解汇交力系合力的大小。

【例 3-1】 已知如图 3-3 所示结构，AC=CB，P=10kN，各杆自重不计。求：CD 杆及铰链 A 的受力。

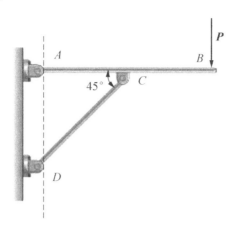

图 3-3　例 3-1 结构

解： 对 AB 杆进行受力分析。由结构图可知，DC 杆为二力杆，受力方向沿着 DC 的方向，因此很容易确定铰链 C 处的受力方向，B 端受外力竖直向下，A 处为铰链连接，其实是一个力，应用三力汇交定理，可以把三个受力画在 AB 杆上，如图 3-4 所示。

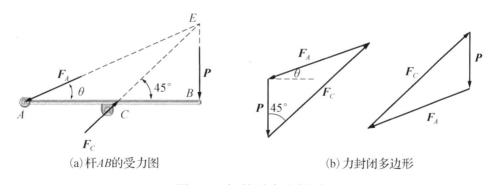

(a) 杆 AB 的受力图　　　　　　　(b) 力封闭多边形

图 3-4　杆的受力分析图

从图 3-4(a) 可以很清楚地看出，杆 AB 是受到三个力的汇交力系，应用上面的几何方法，把三个力首尾相连。连接的过程就是假想地把三个力向同一点移动，如 E 点，注意将它们首尾相连，就可以得到图 3-4(b) 所示的受力图。当然，首尾连接的方式并不是唯一的，因为平行四边形可以分为上、下两部分三角形。

在求各个分力的时候，当然可以利用三角形的关系来计算求得，但是，此处还是再介绍一种非常原始而有效的方法：因为竖直向下的力 P 为已知，结构限制使得合成的三角形的大小是确定的，所以可按照尺寸画出三角形然后比例量得，$F_C = 28.3\text{kN}$，$F_A = 22.4\text{kN}$。不要小看这种原始的方法，有时候这样的方法可以发挥意想不到的作用，如果注意观察的话，你会发现很多延续百年甚至千年的方法就是这些简单而有效的方法。

【例 3-2】如图 3-5 所示，拉碾子过台阶，已知碾子自重 $P = 20\text{kN}$，碾子半径 $R = 0.6\text{m}$，台阶高 $h = 0.08\text{m}$。

(1) 水平拉力 $F = 5\text{kN}$ 时，碾子对地面及障碍物的压力多大？

(2) 欲将碾子拉过障碍物，水平拉力 F 至少多大？

(3) 力 F 沿什么方向拉动碾子最省力，及此时力 F 多大？

解：(1) 取碾子为研究对象，画受力图。

不难发现碾子的受力是汇交力系而保持平衡，因此各力首尾相接必然形成一个封闭四边形，如图 3-5 所示。

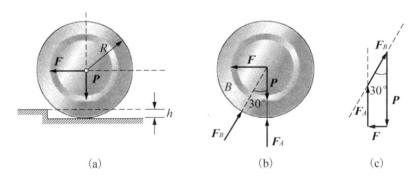

图 3-5　碾子及受力图

用几何法，其中

$$\theta = \arccos\frac{R-h}{R} = 30°$$

按比例可量得 $F_A = 11.4\text{kN}$，$F_B = 10\text{kN}$。当然也可以用三角形关系计算获得此结果。

(2) 欲将碾子拉过障碍物，水平拉力 F 至少多大？

这个问题也可以这样问：欲将碾子拉过障碍物，各处约束与碾子之间的关系会发生什么变化？

很显然，碾子在刚要拉过障碍物的时候，碾子会离开地面，那么地面对碾子的约束力会变为零。这个问题的本质是：当地面的支持力为零时的拉力为多大？按照这样的分析，把碾子的受力图 3-5 中的支持力 F_A 变为零，就得到图 3-6(a) 所示的受力图，很容易可以计算出此时的拉力为

$$F = \text{tg}30° \cdot P = 11.54\text{kN}$$

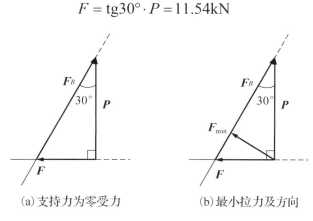

(a) 支持力为零受力　　(b) 最小拉力及方向

图 3-6　碾子的受力图

(3) 力 F 沿什么方向拉动碾子最省力，及此时力 F 为多大？

这个问题其实是询问将碾子拉过台阶过程中，力往哪个方向拉最省力？在这个分析里可以继续分析图 3-6(a)，首先，碾子被拉过台阶，必须满足地面的约束力仍旧为零，另三个力依然要组成力封闭三角形，而且还要求力 F 最小。在受力图中保持三角形的前提下，不断改变力 F 的方向(其他两个力不动)，可以看到如图 3-6(b) 所示的受力图，当力 F 垂直于 F_B 时最小，因此很容易就从几何关系中找到了答案为

$$F_{\min} = P \cdot \sin\theta = 10\text{kN}$$

很显然，几何法是一种很直观的解决方法，但是需要清晰的受力分析和一定的求解技巧，对于较复杂的问题(如受力个数非常多的情况)，这种方法可能就会变得相当烦琐，甚至无法求解。因此，我们要探索其他更为简单直接的方法。

> **思考：**
>
> (1) 在例 3-1 中，按照比例量得力的大小，很直观有效，但是例 3-1 是个简单问题，如果问题非常复杂呢？另外，量取可能会有测量误差、人为误差等，这些都很难避免。但这个方法仍不失为一种简单、直接而有效的方法，在工程精度要求不高的时候不妨一用。
>
> (2) 在例 3-2 中，非常巧妙地通过几何关系求解力，但是需要我们对力系的关系有非常清晰的认识，有时还存在一些技巧性，如果问题复杂了，还能有如此清晰的认识求解吗？

3.2 平面汇交力系的解析法

3.2.1 平面汇交力系的解析法说明

第 3.1 节对平面汇交力系采用平行四边形(三角形)法则合成，得到汇交力系的力多边形，从而求得合力。当合力为零时，汇交力系的合成结果是一个力封闭多边形，这就是利用几何法来求解汇交力系问题的基本思路。直接、清晰是几何法的典型特征。几何法比较明显的劣势是，要求整个受力情况非常明确，并且问题也要相对简单。对于受力个数比较多，约束形式多样化的问题，几何法的优势就不再明显了。其求解过程可能涉及形状各异的力多边形，分析过程也会随之变得复杂。很显然，此类问题如果可以找到具有普遍适用性的方法，问题的分析会大为简化。因此，解析法就应运而生了。

解析法的目标就是找到一个不用烦琐地把每个力都画出来连接成力多边形的方法，可以用一种普遍适用的方法对任意多个力的情况来简便地计算合力。

为了达到上述目标，需要先思考一个问题：在平面内的任意力，能否等效地表达到规定的方向上？如果可以的话，那么无论什么样的受力不都可以在规定的可控方向上进行计算吗？我们第一直觉也许是把任意力表达到某一个方向上。显然，平面内不同方向的力是无法等效在同一个方向上的。一个方向不行的话，两个方向却是可以的。两个相互垂直的方向，即平面内的笛卡儿坐标系就完全可行，而且它也是我们最为熟悉的直角坐标系。人们通过两个相互垂直的坐标轴来表达平面内的任意力。

笛卡儿坐标系可以通过相互垂直的 x 和 y 两个方向来描述平面内任意点的位置。力作为一个矢量在笛卡儿坐标系就可以投影到 x 和 y 的坐标轴上，这样任意一个力都可以简便地投影到相互垂直的 x 和 y 坐标轴上，无论多么复杂的汇交力系都可以把每个力分解到笛卡儿坐标系的两个相互垂直的方向上。

那么为什么把力分解到笛卡儿坐标系的两个相互垂直方向上就代表原来这个力呢？

其原理是平行四边形法则，或者说力的合成。利用力的合成公理（平行四边形法则）的特殊形式可知合力是矩形的对角线。这样分解力在 x 轴和 y 轴上，有没有其物理含义呢？其实，可以把它的物理内涵理解为一个力在两个坐标轴上的作用效果，当力与 x 轴或 y 轴夹角变化时这个力对两个方向的作用效果也会随之变化。此外，要特别注意的是，相互垂直的坐标轴意味着两个方向的分力互不干涉，相互之间是彼此独立的。

> 思考：
> （1）为什么一定要用两个相互垂直的坐标轴而不是成锐角或者钝角的坐标轴呢？
> （2）不采用笛卡儿坐标系可以吗？笛卡儿坐标系有什么优点？

3.2.2　力在坐标轴上的投影与分力

上文提到了把力分解到相互垂直的笛卡儿坐标系里，这样可以大大简化对汇交力系的分析，而且也提到了一个特别的词汇"投影"。那么，为什么要把力投影到坐标轴上？这与力在坐标系上的分力有什么区别？让我们来讨论一下这个问题。

其一，投影不是矢量，而是代数量，它有正负号，符号由其指向而定：指向与轴正向一致者为正，反之为负。

其二，力的投影只与力矢量和它与投影轴的夹角有关，而分力则与力矢量以及两个分力方向有关。

下面用一个简单的例子说明投影和分力之间的区别。图3-7(a)所示的一个力在坐标系里，把它在坐标系的分力和投影分别画出来；图3-7(b)是其对应的力的分解，可以看到：两个分力沿着两个坐标轴的方向，与原力矢组成一个矩形，而

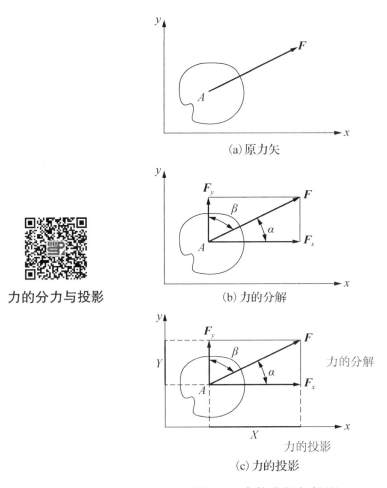

力的分力与投影

图 3-7　力的分解与投影

且分别与原力矢有夹角 α 和 β。这里要特别注意，图3-7(b)只是原力矢的一个特

殊的分力情形，分力还可以是其他无数种情况，只要是由原力矢作为对角线的平行四边形的边都可以作为分力。但是，作为矩形的情况只有图 3-7(b) 所示的唯一一种。图 3-7(c) 是在图 3-7(b) 的基础上，把力的投影画在坐标轴上。基本的画法是：自力矢量的始端和末端分别向坐标轴上作垂线，得到两个交点，这两个交点之间截得的线段长度，并冠以相应的正负号（与轴正方向相同为正，反之为负），称为该力在该坐标轴上的投影。要特别注意，原力矢的投影就不是无数多种可能了，只有图 3-7(c) 所示唯一的情况，其大小恰好等于矩形的两边，这时的投影没有箭头说明它不是矢量，而是代数量或标量，其正负号由力的方向与坐标轴正向间夹角的方向余弦而决定。例如，图 3-7 中力在 y 方向上的投影为

$$F_y = F \cdot \cos\beta$$

从数学上来理解，力在坐标轴上的投影，就是力与坐标轴单位向量的点积。正确理解投影与分力的差别，对于能否正确求解平衡问题是非常关键的。这里有很重要的一个结论：同一个力，它的分力可以有无穷多种可能，而确定坐标轴上的分力和投影都是**唯一确定的**。采用笛卡儿坐标系，实际上就是把一个不确定性问题（无数多种分力可能），用它的确定性表达（两个方向上的投影）表示出来。只要实现了投影，任意力就可以表达出来，这样再多的力都可以在同样的两个方向上表示。我国的哲学体系告诉我们"以不变应万变"，确实是这个道理。通过对问题的合理规定，把不确定的问题（万变）转化成确定的模式（不变）来解决。

用一个例子来说明一个非常容易出错的问题：**分力一定小于合力吗？**

图 3-8 中 F_1 和 F_2，F_3 和 F_4 是力 F 的两种可能的分力情形。很显然，F_3 和 F_4 这组分力中的 F_3 或 F_4 比合力 F 还要大，所以单纯说分力比合力小是绝对不正确的。当然，对于我们一直在讨论的分力是矩形两边的情况，如图 3-8 中 F_1 和 F_2 两个分力，分力都小于合力。应该注意的是，分力是任意的平行四边形的两个边，边长当然可能大于对角线的长度，**分力不一定要小于合力**。而相互垂直的两个方向作为力的分解方向，分力的大小就一定是小于合力，因为直角三角形的斜边最长。

利用投影的方式，任意力矢的大小都可以表示成其在两个坐标轴方向上的投

影合,不失一般性,任意多个力采用解析法表达合力的公式为

$$F_R = \sqrt{\sum F_x + \sum F_y}$$

$$\cos(F_R, i) = \cos\alpha = \frac{\sum F_x}{F_R}$$

$$\cos(F_R, j) = \cos\beta = \frac{\sum F_y}{F_R}$$

其中,F_R 为合力;$\sum F_x$、$\sum F_y$ 分别为各个分力在 x 和 y 轴方向上的投影代数和;$\cos(F_R, i)$ 为合力与 x 轴的夹角; $\cos(F_R, j)$ 为合力与 y 轴的夹角。

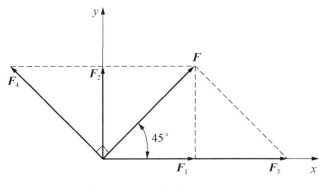

图 3-8　合力与分力的大小

3.3　平面力对点的矩及合力矩定理

3.3.1　平面力对点的矩

我们前面一直在谈论力,力最直接的效果就是受力物体沿着合力的方向直线运动。但是,生活中大多数的受力运动并不是一个直线运动,比如,我们推门,门沿着门轴转动;摩天轮在空中旋转;直升机的螺旋桨飞快地转动等。实现这些旋转运动的驱动源就是下面要介绍的力矩。

力矩与力的区别主要表现在哪里呢?举一个最简单的例子来说明,当我们推

门的时候,一定是推门把手,而不是推门轴,说明在门轴上推是不会使门旋转的(不产生力矩),也就是说力矩不但与力的大小有关,跟力的作用位置也是直接相关的。下面就来具体地定义一下**力对点的矩**。

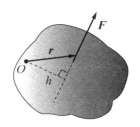

平面力对点的矩
及合力矩定理

图 3-9　力对点的矩

力矩:力使刚体绕 O 点转动强弱程度的物理量称为力对 O 点的矩。通常用 $M_O(\boldsymbol{F})$ 表示。

如图 3-9 所示的刚体受到力 $\boldsymbol{F}$ 的作用,那么力 $\boldsymbol{F}$ 对刚体上任意点 O 的力矩为

$$M_O(\boldsymbol{F}) = \pm F \cdot h$$

其中,点 O 称为矩心;点 O 到力作用线的垂直距离 h 称为力臂。

上面的公式表明,产生平面力矩的两个要素是力和力臂。此外,力矩是表征力使刚体转动强弱程度的物理量。人们规定:在平面内,力对点之矩是一个代数量,它的绝对值等于力的大小与力臂的乘积。它的正负号规定为:力使物体绕矩心逆时针转动时为正,反之为负。常用单位为 N·m 或 kN·m。

再仔细看一下图 3-9 和力矩的计算公式,不难发现,如果从矩心 O 向力矢画一个距离矢量 $\boldsymbol{r}$,力矩就是两个矢量的叉乘,即

$$M_O(\boldsymbol{F}) = \boldsymbol{r} \times \boldsymbol{F}$$

这个公式更加简明了,虽然没有明确写出正负号,但其正负关系已经包含在叉乘计算里了,即用右手法则来确定旋转的方向。此外,这个公式不但适用于平面问题,对空间力对点的矩同样适用(后面将会介绍)。

计算力矩来衡量旋转作用的大小需要用到力臂和力,其中,力臂是矩点到力作用线的垂直距离。如果力的方向是平面的任意方向,那就要从矩点向该任意方向作垂线,和我们在讨论汇交力系问题时一样,这就增加了问题的难度和不确定

性。能否把这些不确定的问题转换成可控的模式进行计算呢？下面我们来介绍一个定理解决这个问题。

3.3.2 平面汇交力的合力矩定理

如图 3-10 所示，在任意刚体上的汇交点 A 处作用了 n 个力（$F_1, F_2, \cdots, F_n$），那么这些力对某矩点 O 的矩如何计算？很显然，如果从力矩的定义出发，面对 n 个力的情况逐一去计算力臂绝非易事，可否寻求一个简便的方法实现力矩计算呢？

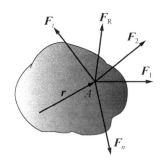

图 3-10 合力矩定理

首先，我们先把 n 个力合成，得到合力 F_R，即

$$F_R = \sum F_i = F_1 + F_2 + \cdots + F_n$$

然后，两边用力臂矢量与力做叉乘，即

$$r \times F_R = r \times F_1 + r \times F_2 + \cdots + r \times F_n$$

即

$$M_O(F_R) = \sum M_O(F_i)$$

上式就是合力矩定理：**合力 F_R 对点 O 的矩，等于各个分力对 O 点矩的矢量和**。若力系为平面任意力系，则合力 F_R 对点 O 的距，等于各个分力对 O 点矩的代数和。

前面在介绍平面汇交力系解析法时，利用笛卡儿坐标系分解每一个力，从而使得任意方向的力系等效转化成了两个坐标轴方向。这里也可以继续沿用这个思路，把各个分力对 O 点的矩也分解到两个坐标轴上，然后再求矩。我们用任意一个力来说明这个过程，如图 3-11 所示的任意力在坐标系里对坐标原点 O 的力矩。

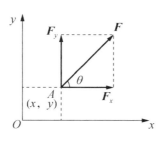

图 3-11　分力对点的矩

在图 3-11 中，力 F 可以分解到两个坐标轴方向上，F 的起点坐标为 $A(x,y)$。这样力 F 在 x 轴方向上的分力 F_x 距离 x 轴的距离就为 y，旋转方向为绕着 O 点顺时针（为负）；在 y 轴方向上的分力 F_y 距离 y 轴的距离就为 x，旋转方向为绕着 O 点逆时针旋转（为正）。注意：因为 x 和 y 轴方向的分力分别对 x 轴和 y 轴的力臂为零，所以没有力矩。这样任意力 F 对 O 点的力矩可以表达为

$$M_O(F) = M_O(F_y) - M_O(F_x) = x \cdot F \cdot \sin\theta - y \cdot F \cdot \cos\theta = x \cdot F_y - y \cdot F_x$$

进而对于 n 个平面汇交力的情况，有

$$M_O(F_R) = \sum M_O(F_i) = \sum (x_i \cdot F_{iy} - y_i \cdot F_{ix})$$

上式是合力矩定理的另一种表达形式，其中蕴含了将一个不确定性问题转化成可以控制计算的 x 和 y 两方向上求解的思想。我们在整个静力学里面很多地方都用到了类似的思想，请读者多加留意。

在这里虽然在介绍简单的力矩问题，但它却是这个物理世界里最基本的旋转运动产生的原因。我们不妨思考一些事实，大到地球、月球、天上的繁星，小到原子周围的电子飞快旋转，都是旋转运动。所以，我们绝对不能小看力矩，它也许是维系宇宙和微观世界运行的基本要素，这也留给我们无限的思考。如果大家

对天体的运行感兴趣，可以去看一下麻省理工学院的视频公开课，也许你会发现，不起眼的力矩，其实在掌控着宇宙的规律。

> **思考：**
> 刚体在受到力的作用时，会有哪些运动的可能？除了旋转运动还会有怎样的运动？

【例 3-3】支架如图 3-12 所示，已知 $AB = AC = 30\text{cm}$，$CD = 15\text{cm}$，$F = 100\text{N}$，$\alpha = 30°$，求 F 对 A、B、C 三点之矩。

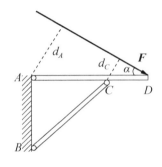

图 3-12　例 3-3 结构

解： 由定义可得

$$M_A(\boldsymbol{F}) = -Fd_A = -F \cdot AD \cdot \sin 30° = -22.5\text{N} \cdot \text{m}$$

$$M_C(\boldsymbol{F}) = -Fd_C = -F \cdot CD \cdot \sin 30° = -7.5\text{N} \cdot \text{m}$$

由合力矩定理可得

$$\begin{aligned} M_B(\boldsymbol{F}) &= -F_x \cdot AB - F_y \cdot AD \\ &= -F \cdot \cos 30° \cdot AB - F \cdot \sin 30° \cdot AD \\ &= -48.48\text{N} \cdot \text{m} \end{aligned}$$

【例 3-4】圆轮如图 3-13 所示，求 F 对 A 点的矩。

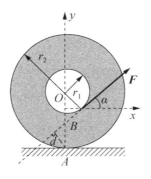

图 3-13　例 3-4 结构

解一： 应用合力矩定理可得

$$M_A(\boldsymbol{F}) = M_A(\boldsymbol{F}_x) + M_A(\boldsymbol{F}_y)$$
$$= -F\cos\alpha(r_2 - r_1\cos\alpha) + F\sin\alpha \, r_1\sin\alpha$$
$$= -Fr_2\cos\alpha + Fr_1(\cos^2\alpha + \sin^2\alpha)$$
$$= F(r_1 - r_2\cos\alpha)$$

解二： 由定义可得

$$OB = \frac{r_1}{\cos\alpha}, \qquad AB = OA - AB = r_2 - \frac{r_1}{\cos\alpha}$$

$$d = AB\cos\alpha = r_2\cos\alpha - r_1$$

$$M_A(\boldsymbol{F}) = -Fd = F(r_1 - r_2\cos\alpha)$$

3.4 平面力偶系

3.4.1　平面力偶系的基本性质

力偶的概念也许是从思考一个力对其作用线外某点的作用效果开始的。前面学习了力对其作用线外的一点会产生力矩，更具体地说就是旋转的作用效果。但是，生活经验告诉我们，如果用力推物体，它不仅可能会发生旋转，而且如果这个物体没有固定，它还有可能会沿着推动方向移动。所以，力对点的矩的效果并不单纯。那么，有没有只是单纯的旋转作用，而没有移动效果的作用呢？

为了实现一个单纯的旋转运动，力偶就产生了。如果令两个作用在刚体上的力 F 和 F' 大小相等、方向相反，而且相互平行不共线，这个单纯的旋转运动就实现了，如图 3-14 所示。

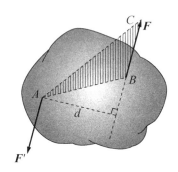

力偶的性质

图 3-14　力偶

力偶中两力所在平面称为力偶作用面，如图 3-14 所示的 ABC 平面。力偶两力之间的垂直距离称为力偶臂，如图 3-14 所示的两力之间的距离 d。与力对点的矩很类似，力偶也有两个要素：①大小，力与力偶臂乘积，即力偶矩；②方向，转动方向。其中，力偶矩为

$$M = \pm F \cdot d = \pm 2 \cdot \frac{1}{2} \cdot F \cdot d = \pm 2\Delta ABC$$

力偶矩与力对点的矩的计算是一致的，注意到它的大小其实是两个力组成的三角形（△ABC）面积的 2 倍，如图 3-14 中画有剖面线的△ABC。同样的，力偶旋转方向的规定与力对点的矩保持一致，即**规定逆时针取正，顺时针取负**。

力偶是一个单纯性地描述旋转作用效果的物理量，因为力偶由两个力组成，且它们大小相等、方向相反，所以就不会产生直线运动的效果。在第 4 章平面任意力系中介绍力的平移定理时，还将进一步证明这一点。力偶有如下四个基本的性质。

性质 1：力偶在任意坐标轴上的投影等于零。

在图 3-15 中，因为组成力偶的两个力 $\boldsymbol{F}$ 和 $\boldsymbol{F}'$ 相互平行反向，它们在任意坐标轴 x 上的投影大小相等、方向相反，所以必然有在任意坐标轴上的投影等于零的性质。这个性质非常关键，它实际上区分了力与力偶，力偶是不会在任意方向上产生力的效果，因为力偶在任意方向上的投影都为零。这也进一步说明了力对点的矩与力偶的区别：力对点的矩，同时具有直线运动和旋转运动两个效果；平面力偶在任意方向上没有力作用的直线运动效果，只有旋转的作用效果。

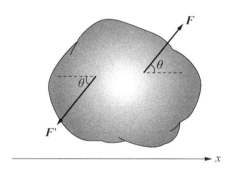

图 3-15　力偶的性质 1

性质 2：力偶对任意点取矩都等于力偶矩，不因矩心的改变而改变。

前面对力偶矩的计算是选取其中一个力的端点 A（图 3-14），计算力偶矩为 $M = F \cdot d$。如果不对力的端点计算力偶矩，而是对这两个力 $\boldsymbol{F}$ 和 $\boldsymbol{F}'$ 外侧点取矩，如图 3-16 所示。

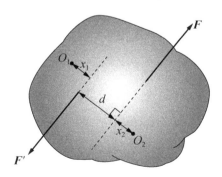

图 3-16　力偶的性质 2

对 O_1 点的力矩为

$$M_{O_1}(\boldsymbol{F},\boldsymbol{F}') = M_{O_1}(\boldsymbol{F}) + M_{O_1}(\boldsymbol{F}')$$
$$= F \cdot (d + x_1) - F \cdot x_1 = Fd$$

对 O_2 点的力矩为

$$M_{O_2}(\boldsymbol{F},\boldsymbol{F}') = M_{O_2}(\boldsymbol{F}) + M_{O_2}(\boldsymbol{F}')$$
$$= F' \cdot (d + x_2) - F \cdot x_2 = F'd = Fd$$

很显然，两种情况都与原定义的计算结果一致，如果把矩点取在两个力之间也可以得到同样的结论，这里就不再赘述了。所以可知，**力偶对任意点取矩都等于力偶矩，不因矩心的改变而改变。**

性质 2 是一个非常重要的性质，它说明力偶矩的大小与矩心的选取无关。力对点的矩，必须写明力矩的计算矩点，如前面的 $M_O(\boldsymbol{F})$ 的脚标 O。而对于力偶来说，就没有必要再写这个矩点了，因为力偶矩的大小与矩点的选取是无关的，因此通常把力偶直接写成 M。

性质 3：只要保持力偶矩不变，力偶可在其作用面内任意移转，且可以同时改变力偶中力的大小与力臂的长短，对刚体的作用效果不变。此性质是力偶系合成的基础。

性质 2 告诉我们，无论力偶在刚体的任意位置，它对刚体的作用效果是一样的，因为力偶矩都相等。性质 3 告诉我们，力偶可以在任意位置，或任意移转，再或者同时改变力和力偶臂的组合，均不改变作用效果。如果力偶的作用效果不变，即认为力偶矩的大小不会变。

图 3-17(a)是一个力偶作用在刚体上，图 3-17(b)是在图(a)的基础上增加一对平衡力，根据加减平衡力系公理，刚体的作用效果不会发生变化。继续对这个力系进行合成得到图 3-17(c)，简化合成结果得到图 3-17(d)所示的等效力偶。很显然，此时力偶中的力变大了，而力偶臂变短了，但是力偶矩并没有变。

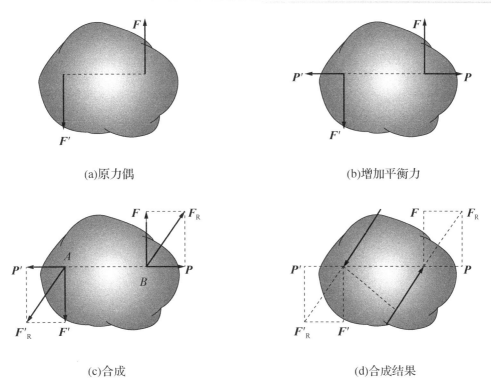

(a)原力偶　　　　　　　　　　　(b)增加平衡力

(c)合成　　　　　　　　　　　　(d)合成结果

图 3-17　力偶性质 3——改变力的大小和力偶臂

图 3-18 表明，原来力偶的两个力组成的三角形为△ABC，新的一对力偶组成的三角形为△ABD，很显然两个三角形为等底等高三角形，所以它们的面积相等，也就是力偶矩相等，因此两个力偶的作用效果没有区别，而力偶的力与力偶臂都发生了变化。

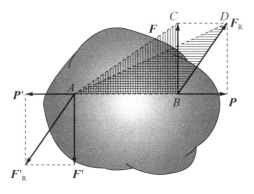

图 3-18　力偶的性质 3——力偶矩相等

性质 3 告诉我们，其实力偶的力与力偶臂的绝对大小并不十分重要，只要它们的乘积不变，它们的作用效果就不会变化。因此，再继续表示力偶上的两个力也就意义不大了，力偶可以非常简化地表示成图 3-19 所示的形式。

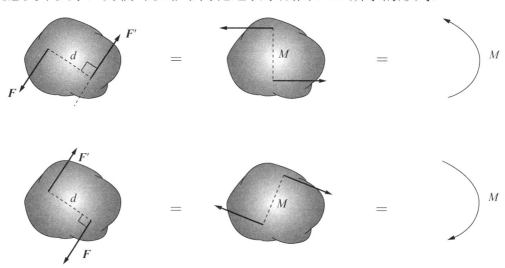

图 3-19　性质 3——力偶的表示与旋向

对于力偶来说，性质 2 告诉我们矩点无关紧要可以去掉，性质 3 又告诉我们力偶当中的力与力偶臂也不太重要，只要力偶矩表示出来，再表示出它的旋转方向就足够了。由此可见，对于平面力偶而言，两个力偶等效的条件是：**两个力偶的力偶矩相等**。

性质 4：力偶没有合力，力偶只能由力偶来平衡。

这条性质说明力偶是最基本的一个力系，它是使得物体产生单纯旋转的作用效果。这与力使得物体发生直线运动是截然不同的，自然两者也不能等同，所以力偶是不能有合力的。很自然地，如果想要平衡力偶则必须寻找另一个力偶与之平衡。

此外，力偶既然是一个无合力的非平衡力系。因此，**力偶不能与一个力等效，也不能与一个力平衡。力偶是一种简单力系**。

3.4.2　平面力偶系的合成和平衡条件

既然力偶是一种简单力系，那么就一定涉及这种简单力系的计算问题。首先来看一下，如何对力偶系进行合成。如图 3-20 所示一个力偶系，为了将它们合成，就要将它们转化成可以被计算的一种形式。为此选择一个定常的线段作为每个力偶的共同力偶臂，这样每一个力偶就可以表达出来了，如图 3-20(a) 所示。

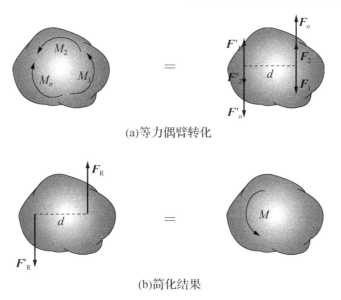

(a) 等力偶臂转化

(b) 简化结果

图 3-20 力偶的合成

图 3-20(a)将所有的力偶表达成了具有共同力偶臂的形式，那么合成这些力偶就转化成为合成力偶当中的各个力。因为力偶臂两边的力都垂直于力偶臂（采用这种形式最有利于计算），而且在同一条直线上，所以很容易将力偶合成起来，然后将两端所有的力计算代数和即可。进一步简化结果可以得到图 3-20(b)，显然力偶的合成结果仍然是一个力偶，其合成的过程就是各个力偶矩的代数和。结论：**平面力偶系合成的结果是一个力偶，称为合力偶。合力偶矩等于力偶系中各分力偶矩的代数和。**

如果合力偶存在就会产生旋转作用，如果平面力偶系没有产生旋转作用效果保持平衡，则有：**平面力偶系平衡的充要条件 M = 0**，即

$$\sum M_i = 0$$

平面力偶系平衡的必要和充分条件是：**所有各力偶矩的代数和等于零。**

> 思考：
> 　本节在谈到力偶的时候，提到力偶不能合成为力，如果把力偶中的任意力移动一下，与另一个力在一条直线上会怎么呢？可以这样移动吗？

讨论：力偶的概念是一个非常有意思的事情，我们不妨跳出力学的知识范畴来看看这样一幅人们很熟悉的太极图（图3-21）。

图3-21　阴阳太极图

中国本土宗教的道家思想的核心就是太极，所谓一阴一阳谓之道，道教认为这是解释世间万物关系的根本。力偶的构成形式与一阴一阳的太极旋转运动也真是有几分相似，不得不让我们去思考：静力学里面的力偶问题是否也与哲学思想体系有关联呢？

第 4 章　平面任意力系

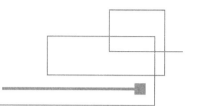

4.1　平面任意力系及力的合成定理

对于静力学的平面问题分析，前文从平面汇交力系和平面力偶系入手，已经讨论了两个基本力系。值得注意的是，这两个基本力系是相互独立的，两者迥然不同，它们构成了解决平面力系问题的两个基本要素。

下面讨论平面任意力系的问题。首先来看一个典型的平面任意力系的工程问题，如推土机的铲斗，如图 4-1 所示。

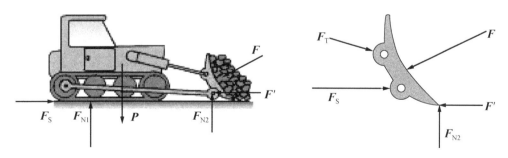

图 4-1　推土机的铲斗受力分析

推土机的铲斗可以抽象成为一个典型的平面任意力系问题。这个力系既不是汇交力系也不是力偶系，前面的方法均不能直接应用。那么，该如何把这种任意力系整合起来求解呢？

解决这个工程问题的思路，其实也是人们解决问题的一种常用的思路：从已知到未知，从简单到复杂。为什么不站在汇交力系和力偶系的求解方法基础上来解决复杂的任意力系问题呢？

按照这样的想法，深入思考下去。要想利用已知的方法，就要把未知的问题向已知转化。仔细观察图 4-1 的任意力系，不难发现：任意力系中的各个力如果可以移动到同一个点上，那么这个任意力系就变成了汇交力系，就可以求解了。不过这些力可以随便移动吗？如果移动会有什么结果呢？这些问题，前人已经帮我们做出了解答。

4.1.1　力的平移定理

如果把力都向同一个点移动，但是移动的过程，要遵循一定的规则，这就是力的平移定理。

可以把作用在刚体上点 A 的力 $\boldsymbol{F}$ 平行移到任一点 B，但必须同时附加一个力偶，这个附加力偶的矩等于原来的力 $\boldsymbol{F}$ 对新作用点 B 的矩。这个过程如图 4-2 所示。

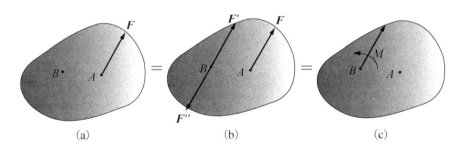

图 4-2　力的平移定理

从力的平移定理可知，力在刚体上是可以平行移动的。但是，在移动的时候会产生一个力偶，即产生一个旋转的作用效果。比如，我们在抽打陀螺的时候，在陀螺的边缘施加了一个力,观察陀螺的反应就是平移而且旋转。解释这个现象,可以用力的平移定理,也就是作用在边缘的力把它移动到陀螺中心就会有一个附加的旋转作用效果。作用在中心的力使陀螺沿着作用力的方向运动,附加的力偶使它旋转,这个过程示意如图 4-3 所示。

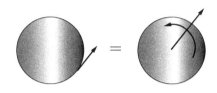

图 4-3 陀螺力平移的作用效果

上面说明的是力平行移动的效果,利用人们的生活经验不难理解这个现象,但是必须进行严格的证明。

如图 4-2 所示,如果在 B 处加一对平衡力,令力的大小恰好等于 A 点的力,根据加减平衡力系公理,可知加上一对平衡力,不会影响力系在刚体上的作用效果。原力系(图 4-2(a))就等效于图 4-2(b),进而在图 4-2(b)中 F 和 F'' 构成了一对力偶,那么原力系可以继续等效为图 4-2(c),即力从 A 点平移到 B 点,同时附加了一个力偶,问题得证。

4.1.2 力对点的矩和力偶

任何学科都是有一定的组织架构和其内在的逻辑关系。如果我们仔细琢磨一下这三个基本概念——力、力对点的矩、力偶,可以形成这样一个简要的总结,如表 4-1 所示。

表 4-1 力、力对点的矩、力偶

概念名称	作用效果	简化方式及结果	主要分析手段
力	沿着力的方向运动	最简单,不能再简化了	牛顿定律
力偶	旋转作用	最简单,不能再简化了	牛顿定律的扩展
力对点的矩	沿着力的方向运动的同时旋转	力的平移定理,简化成力和一个力偶	牛顿定律及扩展

讨论：这个表格是平面力系三个基本概念的小结，可以有如下发现。

（1）平面力系中最基本、不可再分的单元只有两个：一个是力，它是让物体沿着它的方向直线运动；一个是力偶，它是让物体发生单纯旋转作用。

（2）平面力系可以说就是由力和力偶这两块砖堆积起来的房子，再复杂的平面力系问题，简化到最简之处依然是这两个根本基石。

4.1.3 平面任意力系的合力

力的平移定理及合成结果

有了力的平移定理这个利器，平面内的任意力就可以移动到刚体上的任意位置处。当然，我们不会让任意力随意移动，还是沿着前文的逻辑，让所有力都向同一点移动，这样就会得到一个汇交力系，同时产生一系列力偶。这样一来，一个原本未知的问题（平面任意力系）就转化成了两个已知问题的合成（平面汇交力系+平面力偶系），这个过程也可以用图 4-4 表示。

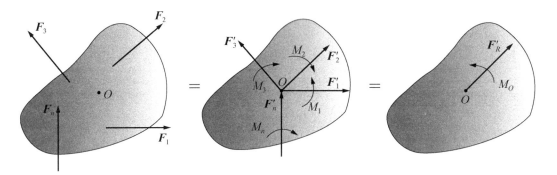

图 4-4 平面任意力系的合成

讨论：平面任意力系的合成过程是解决工程问题的典型思路，从简单到复杂，利用简单的已知基础知识构建复杂问题的求解途径。人类也许一直在用这种方式孜孜不倦地解决各种问题，这也给我们一个重要的提示：任何复杂的问题也许都可以由一些简单问题的组合来寻求解决。这也是中国人的传统哲学，《易经》中说：一生二，二生三，三生万物。我们在解决复杂工程问题的时候，尽管问题是纷繁复杂的，但是总可以追溯到问题的根本并创造性地运用解决思路，从而彻底地理解问题和解决问题。

4.2 平面任意力系的简化

4.2.1 平面任意力系的简化结果

无论平面任意力系多么复杂,都可以利用力的平移定理把这些力向平面内的某一点移动,移动后可以按照平面汇交力系和平面力偶系的方法进行合成,最终得到一个力和一个力偶。如图 4-4 所示的过程,力的平移过程合成的结果就是力 F'_R(称为主矢)和力偶 M_O(称为主矩)。下面仔细讨论这个合成结果。

合成的主矢和主矩分别有两种可能,即为零或者不为零。因此,把它们组合起来,平面任意力系合成结果就有如下四种可能性:

$$F'_R \neq 0 \begin{cases} M_O = 0, & \text{合力,合力作用线过简化中心} \\ M_O \neq 0, & \text{合力,合力作用线距简化中心垂直距离} = \dfrac{M_O}{|F'_R|} \end{cases}$$

$$F'_R = 0 \begin{cases} M_O \neq 0, & \text{合力偶,与简化中心的位置无关} \\ M_O = 0, & \text{平衡,与简化中心的位置无关} \end{cases}$$

这个结果,看似给出了一个复杂的合成结果,但还是比较简单的。平面任意力系的合成结果有三种可能:合力、合力偶或平衡。或者更简单一些,这三种情况又可以归属为两种情形,姑且用"有"和"无"来代替说明吧。如果"有",就是有作用效果,要么是力的效果(即 $F_R \neq 0$),要么是力偶的效果(即 $F_R = 0$,$M_O \neq 0$),所谓"有"的合成结果是唯一确定而且非常具体的。然而,"无"的结果就不同了(平衡状态,即 $F_R = 0$,$M_O = 0$),只要合成的主矢和主矩均为零,它就可以是平衡状态下的任何力的组合。在 4.4 节将会求解各种各样的静力平衡问题,几乎不会有重样的,那些平面任意力系的合成结果都是"无"的情况,即主矢、主矩均为零。

4.2.2 平面任意力系的合力矩定理

如果用心的读者可能会发现,不是说平面任意力系的合成结果是主矢、主矩吗?为什么主矢、主矩均不为零的情况不能算为一种合成结果?下面简单分析这个问题。

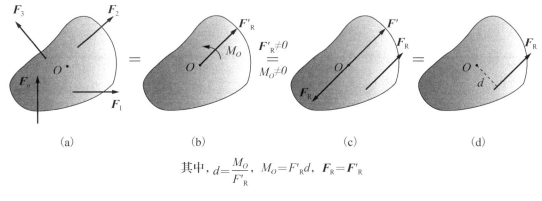

其中,$d = \dfrac{M_O}{F'_R}$,$M_O = F'_R d$,$\boldsymbol{F}_R = \boldsymbol{F}'_R$

图 4-5 合力矩定理图

在图 4-5 所示的刚体上,将平面任意力系向 O 点移动,合成了主矢 $\boldsymbol{F}'_R$ 和主矩 M_O。但是这里并不是终点,接着再把主矩 M_O 变换一下形式,令其为力偶,力偶中各个力的大小与主矩 $\boldsymbol{F}'_R$ 相等,并按照 $d = \dfrac{M_O}{F'_R}$ 计算力偶中力的作用线到简化中心 O 的距离 d。此时,主矩 $\boldsymbol{F}'_R$ 就与力偶中的一个力组成了一对平衡力,大小相等、方向相反、作用在同一条直线上。依据加减平衡力系公理,把这对平衡力去掉不会影响作用效果,因此原来的移动结果主矢和主矩就等效成了一个单纯的合力 $\boldsymbol{F}_R$。

上述过程说明,向某一点移动得到的主矢、主矩不是平面任意力系的合成的最终结果,还可以继续合成为一个单纯的合力。仔细观察图 4-5(a)、(d),注意这二者是等效的,还可以得到这样的结论:**平面任意力系的合力对作用面内任一点的矩(图 4-5(d))等于力系中各力对同一点的矩的代数和(图 4-5(a))**,这就是合力矩定理。

【例 4-1】如图 4-6 所示，已知 $P_1 = 450\text{kN}$，$P_2 = 200\text{kN}$，$F_1 = 200\text{kN}$，$F_2 = 70\text{kN}$。求：力系的合力，合力与 OA 的交点到点 O 的距离 x；合力作用线方程。

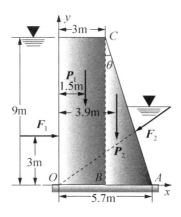

图 4-6　例题 4-1 图

解：(1) 求力系向点 O 简化 (图 4-7)。

$$\theta = \angle ACB = \arctan\frac{AB}{CB} = 16.7°$$

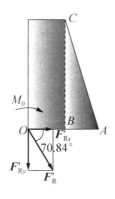

图 4-7　力系向 O 点简化

主矢 $\boldsymbol{F}_R'$ 在 x、y 轴上的投影为

$$\sum F_x = F_1 - F_2 \cos\theta = 232.9\text{kN}$$

$$\sum F_y = -P_1 - P_2 - F_2 \sin\theta = -670.1\text{kN}$$

$$F_R' = \sqrt{(\sum F_x)^2 + (\sum F_y)^2} = 709.4\text{kN}$$

主矢 F'_R 的方向为

$$\cos(F'_R, i) = \frac{\sum F_x}{F'_R} = 0.3283, \quad \cos(F'_R, j) = \frac{\sum F_y}{F'_R} = -0.9446$$

$$\angle(F'_R, i) = \pm 70.84°, \quad \angle(F'_R, j) = 180° \pm 19.16°$$

主矩 M_O 为

$$M_O = \sum M_O(F) = -3 \times F_1 - 1.5 \times P_1 - 3.9 \times P_2$$
$$= -2355 \text{kN} \cdot \text{m}$$

(2) 求合力及其作用线位置(图 4-8(a))。

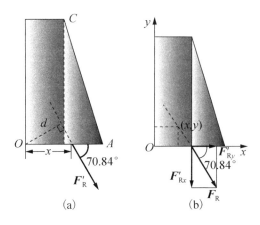

图 4-8 求合力及作用线位置

$$d = \frac{|M_O|}{F'_R} = \frac{2355}{709.4} = 3.3197 \text{m}$$

$$x = \frac{d}{\cos(90° - 70.84°)} = 3.514 \text{m}$$

(3) 求合力作用线方程(图 4-8(b))。

由合力矩定理可知

$$M_O = \sum M_O(F_R) = x \cdot F_{Ry} - y \cdot F_{Rx}$$

$$-2355 = x(-670.1) - y(232.9)$$

得合力作用线方程为

$$607.1x - 232.9y - 2355 = 0$$

讨论：此例的求解过程很好地说明了力系简化的步骤，力系的简化过程是可以按照一定步骤来完成的，总结如下。

(1) 确定简化中心，建立以该点为原点的坐标系；

(2) 计算各力在坐标轴上的投影，求力系的主矢；

(3) 计算各力对简化中心之矩，求力系对简化中心的主矩；

(4) 按要求可进一步讨论力系的简化结果。

当力系的简化结果为一合力时，由合力矩定理计算合力作用线离简化中心的距离。简化中心的选择是任意的，如以 A 点为简化中心，得 $M_A = 0$，表明力系简化为过 A 点的一个力，即力系的合力。再次说明，平面力系简化的结果有三种可能情形：合力、力偶及平衡。

【例 4-2】如图 4-9 所示，已知 q、l。试求合力及合力作用线位置。

解：取微元如图 4-9 所示，可得

$$q' = \frac{x}{l} \cdot q$$

$$P = \int_0^l \frac{x}{l} \cdot q \cdot dx = \frac{1}{2}ql$$

由合力矩定理可得

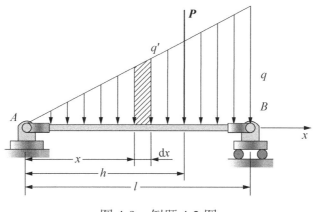

图 4-9 例题 4-2 图

$$P \cdot h = \int_0^l q' \cdot dx \cdot x = \int_0^l \frac{x^2}{l} q \cdot dx$$

计算得

$$h = \frac{2}{3} l$$

讨论：此题的结论比较重要，后面章节的一些计算可以直接应用本题的结论。

4.3 平面任意力系的平衡方程

　　静力学问题的焦点就是研究平衡状态下工程结构的受力情况。由上一节我们知道，平面任意力系的合成结果简而言之就是"有"和"无"。如果合成结果是"有"的情况，那么根据牛顿定律被研究对象是无法保持静止的，不过其运动也是确定的，因为力系的合成结果唯一确定。但是，如果合成结果是"无"的情况，即主矢、主矩均为零，系统一定是平衡状态。下面讨论的主要焦点就是这种"无"的状态下结构的受力情况。虽然，这样的系统可能会有无数多种受力情况，但是如果系统的部分主动力和约束力是已知的，那么为了保持系统平衡，未知的力就不能随意，根据平衡状态主矢、主矩均为零的要求就可以求解未知力。

　　从数学的角度来深入探讨一下，根据平衡的充要条件，即主矢主矩均为零，则有 $F_R = 0$，$M_O = 0$，继续按照平面汇交力系和平面力偶系的知识细化公式得

$$F_R = \sqrt{(\sum F_x)^2 + (\sum F_y)^2} = 0$$

$$M_O = \sum M_O(\boldsymbol{F}_i) = 0$$

很显然，如果需要 F_R 为零，则必有

$$\sum F_x = 0, \quad \sum F_y = 0$$

再加上 $M_O = 0$，对于平面任意力系的平衡方程就有

$$\sum F_x = 0$$
$$\sum F_y = 0$$
$$\sum M_O = 0$$

平面任意力系的
平衡方程

这三个方程是平面任意力系平衡问题最基本的求解公式，或者说是平面任意力系平衡问题求解的根本依据，它的分析逻辑也是整个静力学问题求解的落脚点。也可以这样来理解它，平面任意力系的求解的思想非常类似于"一生二，二生三，三生万物"的道理，即

      平衡   无：一
      ⬇
    $\boldsymbol{F}_R = 0, \quad M_O = 0$ 无：二
      ⬇
  $\sum F_x = 0, \quad \sum F_y = 0, \quad \sum M_O = 0$ 无：三

为什么这么说呢，平衡犹如一，它是求解问题的根本或者出发点，有了平衡就是所有作用效果都为零；得二，主矢和主矩都为零；三，就要离开理念层面落实到具体操作层面了，计算需要在 x 和 y 两个方向展开，因此实际计算过程是计算这两个方向上的力的投影都为零，同时再确保主矩为零，就获得了三个方程。这三个方程就成为平面任意力系平衡问题求解的根本依据，而且适用于任何的平面力系平衡问题，换句话说：对平面力系问题，放之四海而皆准。

读到这，我们再次看到，中国哲学体系的伟大之处，即便是貌似冰冷的工程问题和数学表达式，它的内涵也可以与所谓"形而上"的哲学体系相连通。这也告诉我们一个很重要的道理：不要把文史哲与理工完全割裂开，"割裂开"是一个非常愚蠢的做法，因为工程师的重大发现很可能是在受到其他不同领域事物的启发下而完成和发展升华的。

4.4 平衡方程的其他形式

有了这三个方程就可以求解平面任意力系的平衡问题了,那么还有没有其他形式的方程呢?如果上面的"一生二,二生三,三生万物"的思想可以借鉴的话,在《易经》里还有三画为卦,每画又有阴有阳,所以这三画可以衍生出多种组合。类似的,静力学的平衡方程也不光是上面的那一套方程,还可以有其他的可能形式,即二矩式和三矩式(依据每套方程里矩方程的个数对其进行命名),这两套方程如图 4-10 所示。

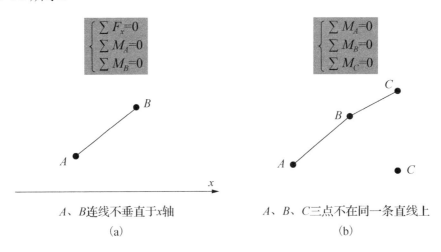

图 4-10 二矩式、三矩式及其应用条件

二矩式和三矩式方程其实更为常用,但是它们的应用需要具备一定的条件,也就是说,不是所有情况下这两套方程组都可用。下面讨论它们的应用条件。

二矩式应用条件:两个矩方程矩点的连线(见图 4-10(a)中的 AB 线),**不能与力方程的方向**(见图 4-10(a)中的 x 轴方向)**垂直**。

这个条件就是为了避免方程组不能确保系统的主矢、主矩均为零的情况而设定的。试想若主矢在 AB 连线上,AB 又和 x 轴垂直,那么无论主矢多大,它在 x 轴上的投影总是为零的,也就是说力的投影方程是不能确保主矢为零的,所以必须要求 AB 连线不与 x 轴垂直，这样力的投影方程才能起到限制的作用。

三矩式应用条件：三个矩方程的矩点不能在一条直线上（见图 4-10（b）中的 A、B、C 三点）。

这里的分析与上面类似，三个矩方程必须确保主矢、主矩均为零。然而若三个矩点在一条直线上，主矢就完全可能沿着这条直线存在而不为零，同时保证三个矩方程为零。但是，如果三个矩点不在一条直线上，如图 4-10（b）所示 C 点移动到 AB 连线以外，这样如果主矢在 AB 连线上，那么就与 C 点的矩方程为零矛盾，因为在这种情况下主矢一定会对 C 点产生矩。而对 C 点的矩方程也为零，就确保了原来假设主矢在 AB 的连线上是不成立的。

对于平面任意力系的平衡问题计算，二矩式和三矩式都很常用，甚至比一矩式还要好用，大家可以在做题的时候注意体会。这里也给出作者的体会：先写矩方程，往往可以简化平衡问题的计算。

4.5 平面任意力系的计算

1. 利用平衡方程组可直接求解的简单平面任意力系计算

【例 4-3】 已知 $P_1 = 4\text{kN}$，$P_2 = 10\text{kN}$，尺寸如图 4-11 所示。

求：BC 杆受力及铰链 A 受力。

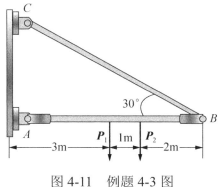

图 4-11　例题 4-3 图

解：取 AB 梁，画受力图如图 4-12 所示。

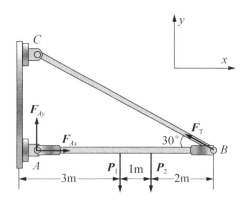

图 4-12 梁 AB 的受力图

利用一矩式列方程得

$$\sum F_{ix} = 0, \quad F_{Ax} - F_T \cos 30° = 0$$
$$\sum F_{iy} = 0, \quad F_{Ay} - P_1 - P_2 + F_T \sin 30° = 0$$
$$\sum M_A = 0, \quad F_T \sin 30° \cdot 6 - 4P_2 - 3P_1 = 0$$

利用二矩式列方程得（注意 AB 的连线与力方程 x 方向一致不垂直，满足条件）

$$\sum F_{ix} = 0, \quad F_{Ax} - F_T \cos 30° = 0$$
$$\sum M_A = 0, \quad F_T \sin 30° \cdot 6 - 4P_2 - 3P_1 = 0$$
$$\sum M_B = 0, \quad -6F_{Ay} + 3P_1 + 2P_2 = 0$$

利用三矩式列方程得（注意 ABC 三点不在同一条直线上，满足条件）

$$\sum M_A = 0, \quad F_T \sin 30° \cdot 6 - 4P_2 - 3P_1 = 0$$
$$\sum M_B = 0, \quad -6F_{Ay} + 3P_1 + 2P_2 = 0$$
$$\sum M_C = 0, \quad F_{Ax} \cdot AC - 3P_1 - 4P_2 = 0$$

无论采用哪种方式，都可以得到本题的解为

$$F_T = 17.33 \text{kN}, \quad F_{Ax} = 15.01 \text{kN}, \quad F_{Ay} = 5.33 \text{kN}$$

讨论：上面三种方法殊途同归都可以求解问题。因此，有时我们也会用其中一种方法计算，然后用其他的方法进行复核，检查原来的计算是否正确。

> 思考：
>
> 计算机能否帮助我们计算上面的问题呢？如果要转化成矩阵的计算求解该如何做呢？

2. 利用平衡方程组不能直接求解的简单平面任意力系计算

1）不同力系混合求解问题

【例 4-4】已知 $OA = R$，$AB = l$，冲头所受的压力 F，不计自重与摩擦，系统在图 4-13 所示位置平衡。求：力偶矩 M 的大小，轴承 O 处的约束力，连杆 AB 受力，冲头给导轨的侧压力。

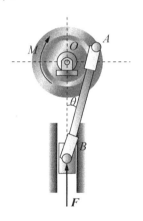

例4-4 和
例4-6

图 4-13 例题 4-4 图

解：(1) 取冲头 B，画受力图如图 4-14 所示，冲头处是平面汇交力系。

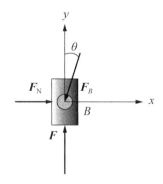

图 4-14 冲头 B 的受力图

$$\sum F_{iy}=0, \quad F-F_B\cos\theta=0$$

解得 $F_B=\dfrac{F}{\cos\theta}=\dfrac{Fl}{\sqrt{l^2-R^2}}$。

$$\sum F_{ix}=0, \quad F_N-F_B\sin\theta=0$$

解得 $F_N=F\tan\theta=\dfrac{FR}{\sqrt{l^2-R^2}}$。

(2) 取杆 AB，画受力图如图 4-15 所示，AB 杆件为二力杆，则有

$$F_B'=F_B=F_A'=\dfrac{Fl}{\sqrt{l^2-R^2}}$$

图 4-15　杆 AB 的受力图

(3) 取轮 A，画受力图如图 4-16 所示，轮 A 处为平面任意力系。

$$\sum F_{ix}=0, \quad F_{Ox}+F_A\sin\theta=0$$

解得 $F_{Ox}=-\dfrac{FR}{\sqrt{l^2-R^2}}$。

$$\sum F_{iy}=0, \quad F_{Oy}+F_A\cos\theta=0$$

解得 $F_{Oy}=-F$。

$$\sum M_O=0, \quad F_A\cos\theta\cdot R-M=0$$

解得 $M=FR$。

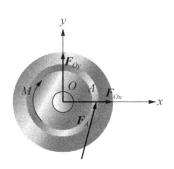

图 4-16　轮 A 的受力图

2) 局部和整体联合求解简单问题

【例 4-5】如图 4-17 所示，已知 F=20kN，q=10kN/m，$M=20\text{kN}\cdot\text{m}$，$L$=1m，求：$A$、$B$ 处的约束力。

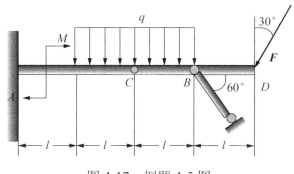

图 4-17　例题 4-5 图

解：取 CD 梁，画受力图（图 4-18），得

$$\sum M_C = 0, \quad F_B\sin60°\cdot l - ql\cdot\frac{l}{2} - F\cos30°\cdot 2l = 0$$

解得 F_B=45.77kN。

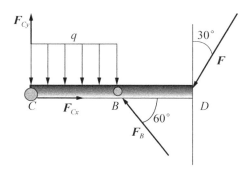

图 4-18　梁 CD 的受力图

取整体，画受力图（图 4-19），得

$$\sum F_{ix} = 0, \quad F_{Ax} - F_B \cos 60° - F \sin 30° = 0$$

解得 $F_{Ax} = 32.89\text{kN}$。

$$\sum F_{iy} = 0, \quad F_{Ay} + F_B \sin 60° - 2ql - F \cos 30° = 0$$

解得 $F_{Ay} = -2.32\text{kN}$。

$$\sum M_A = 0, \quad M_A - M - 2ql \cdot 2l + F_B \sin 60° \cdot 3l - F \cos 30° \cdot 4l = 0$$

解得 $M_A = 10.37\text{kN}$。

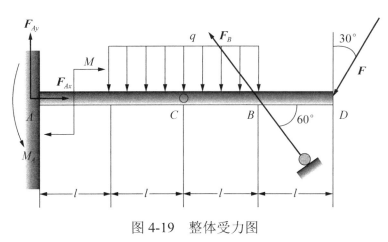

图 4-19 整体受力图

3）局部和整体联合求解较复杂问题

【例 4-6】已知 $P=60\text{kN}$，$P_1=20\text{kN}$，$P_2=10\text{kN}$，风载 $F=10\text{kN}$，尺寸如图 4-20 所示。求：A、B 处的约束力。

解：取整体，画受力图（图 4-21），得

$$\sum M_A = 0, \quad 12F_{By} - 10P - 6P_1 - 4P_2 - 2P - 5F = 0$$

解得 $F_{By} = 77.5\text{kN}$。

$$\sum F_{iy} = 0, \quad F_{Ay} + F_{By} - 2P - P_1 - P_2 = 0$$

解得 $F_{Ay} = 72.5\text{kN}$。

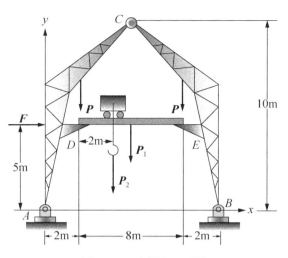

图 4-20 例题 4-6 图

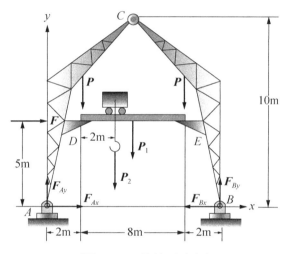

图 4-21 整体受力图

取吊车梁，画受力图（图 4-22），得

$$\sum M_D = 0, \quad 8F'_E - 4P_1 - 2P_2 = 0$$

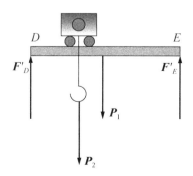

图 4-22 吊车梁受力

解得 $F'_E = 12.5\text{kN}$。

取右边刚架，画受力图（图 4-23），得

$$\sum M_C = 0, \quad 6F_{By} - 10F_{Bx} - 4(P + F_E) = 0$$

解得 $F_{Bx} = 17.5\text{kN}$。

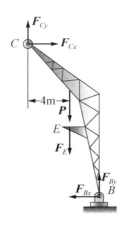

图 4-23 刚架受力图

再对整体图分析可得

$$\sum F_{ix} = 0, \quad F_{Ax} + F - F_{Bx} = 0$$

解得 $F_{Ax} = 7.5\text{kN}$。

【例 4-7】如图 4-24 所示，已知 F，a，各杆重不计。求：B 支座处约束反力。

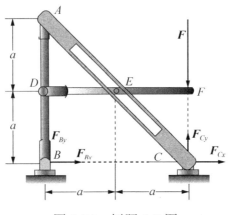

图 4-24 例题 4-7 图

解：取整体，受力分析得

$$\sum M_C = 0, \quad -F_{By} \cdot 2a = 0$$

解得 $F_{By} = 0$。

取 ADB 杆，画受力图如图 4-25 所示；取 DEF 杆，画受力图如图 4-26 所示。

由图 4-26(a) 得

$$\sum M_D = 0, \quad F_E \sin 45° \cdot a - F \cdot 2a = 0$$

解得 $F_E \sin 45° = 2F$。

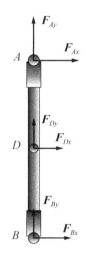

图 4-25 杆 ADB 受力图

由图 4-26(b) 得

$$\sum F_{ix} = 0, \quad F_E \cos 45° - F'_{Dx} = 0$$

解得 $F'_{Dx} = F_E \cos 45° = 2F$。

或由图 4-26(b) 得

$$\sum M_B = 0, \quad F'_{Dx} \cdot a - F \cdot 2a = 0$$

解得 $F'_{Dx} = 2F$。

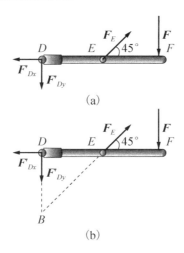

图 4-26 杆 DEF 受力图

对 ADB 杆受力分析得

$$\sum M_A = 0, \quad F_{Bx} \cdot 2a + F_{Dx} \cdot a = 0$$

解得 $F_{Bx} = -F$。

【例 4-8】如图 4-27 所示，已知 a、b、P，各杆重不计，C、E 处光滑。求证：AB 杆始终受压，且大小为 P。

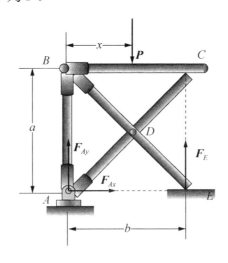

图 4-27 例题 4-8 图

解：取整体，受力分析得

$$\sum F_{ix} = 0, \quad F_{Ax} = 0$$

$$\sum M_E = 0, \quad P \cdot (b-x) - F_{Ay} \cdot b = 0$$

解得 $F_{Ay} = \dfrac{P}{b}(b-x)$。

取销钉 A，画受力图(图 4-28)得

$$\sum F_{ix} = 0, \quad F_{Ax} + F_{ADCx} = 0$$

解得 $F_{ADCx} = 0$。

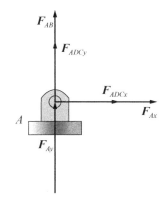

图 4-28　销钉 A 的受力图

取 ADC 杆，画受力图如图 4-29 所示。

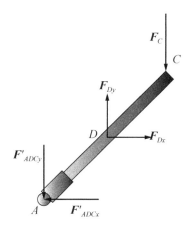

图 4-29　杆 ADC 的受力图

取 BC 杆，画受力图(图 4-30)得

$$\sum M_B = 0, \quad F_C' \cdot b - Px = 0$$

解得 $F'_C = \dfrac{x}{b}P$。

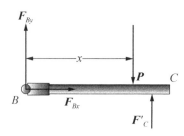

图 4-30　杆 BC 的受力图

对 ADC 杆有

$$\sum M_D = 0, \quad F'_{ADCy} \cdot \dfrac{b}{2} - F_C \cdot \dfrac{b}{2} = 0$$

解得 $F'_{ADCy} = F_C = \dfrac{x}{b}P$。

对销钉 A 有

$$\sum F_y = 0, \quad F_{AB} + F_{Ay} + F_{ADCy} = 0$$

$$F_{AB} + \left(P - \dfrac{x}{b}P\right) + \dfrac{x}{b}P = 0$$

解得 $F_{AB} = -P$（压），即 AB 杆始终受压，且大小为 P，命题得证。

4.6　平面桁架问题

本节将介绍一种广泛采用的建筑构件——桁架。

桁（héng）架：在杆件两端用铰链彼此连接而成的一种结构。桁架是由直杆组成的，一般具有三角形单元的平面或空间结构。桁架杆件主要承受轴向拉力或压力，从而能充分利用材料的强度。在跨度较大时，桁架可比实腹梁节省材料，减轻自重和增大刚度。

先来看一些典型的桁架结构，如图 4-31 所示，北京的鸟巢内部的主要支撑结构为桁架、成都环球中心内部支撑的拱形桁架、河面上火车铁路桥桁架以及房屋顶部的支撑桁架。

图 4-31　工程上常见的桁架结构

桁架被广泛应用于人类社会各个时代的建筑当中，经过历史的检验，人们发现这种结构非常适合建筑房屋和公共设施，而且通过结构设计可以展现不同的美感。从力学的角度来看桁架，肯定有其独到的优点，下面就来讨论一下。

首先，桁架当中的"桁"字是一个比较生僻的汉字，如果查一下字典，会看到它的不同含义：

桁（héng）就是梁上或门框、窗框等上的横木，又称为"檩"。

桁（háng）古代用于加在囚犯颈部的一种木刑具。

这些含义说明"桁"字与结构结实牢固相关，这个字主要有两个读音，héng 和 háng，读 héng 的时候是梁上或窗框上的横木，而读 háng 的时候就是古代用于加在囚犯颈部的一种木刑具。很显然，不论是房屋里的横木还是限制犯人的刑具都是非常牢固的结构。所以，桁架必定是一种坚固结实的结构，至今仍被广泛应用也就不奇怪了。再来看一下一些典型桁架的结构示意，如图 4-32 所示。

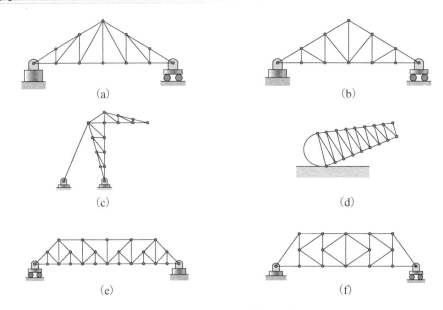

图 4-32　桁架结构示意

图 4-32 是不同形式的桁架结构，可见桁架没有一定之规，可根据结构的要求改换连接形式，但是所有的桁架都有一个共同的特点：它们的基本单元是由三角形组成。我们都知道三角形是稳定的结构，桁架是以三角形框架为基础叠建而成的，工程上每一个三角形是由三根杆件通过铆接、焊接或螺栓连接等方法固定在一块角撑板上，或直接固定在一起。通常把几根直杆连接的地方称为**节点**。工程中的连接无论采用何种方法，都可以将其近似地简化成铰链的节点以便于计算，如图 4-33 所示。

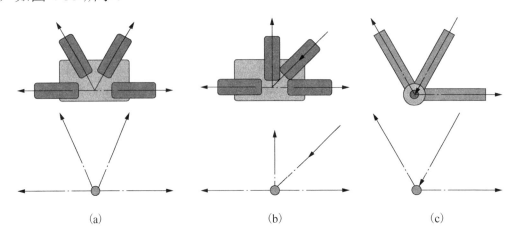

图 4-33　节点的连接形式

桁架是以三角形框架为基础，因此每增加一个节点需增加两根杆件，这样构成的桁架称为平面简单桁架，这个过程的示意如图 4-34 所示。其杆件数和节点数遵循的规则为

$$m - 3 = 2(n - 3)$$

即

$$m = 2n - 3$$

其中，m 为总杆数；n 为总节点数。

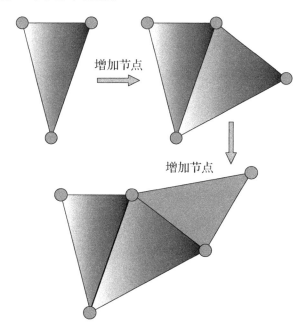

图 4-34 桁架的杆件数与节点数的关系

4.6.1 桁架的假设

为了便于计算，通常工程中要对桁架结构做一些必要的假设：

① 各杆件为直杆，各杆轴线位于同一平面内；
② 杆件与杆件间均用光滑铰链连接；
③ 载荷作用在节点上，且位于桁架几何平面内；
④ 各杆件自重不计或均匀分布在节点上。

在上述假设下，桁架中每根杆件均为二力杆。如果是二力杆件其受力分析就变得非常简单了，每一根杆件受拉或者受压。

再来看看上面的假设：

① 假设杆件为直杆，这样就把桁架杆件的形式简化了，不管是什么形式的杆件，都把它当成直杆。

② 假设是光滑铰链连接，这样就可以确保在铰链连接处对杆件只有一个约束力，这个结论是第1章在讲解光滑铰链约束时获得的结论。

③④ 为对载荷分布的假设，在工程结构上可以看到，桁架主要的功用是起到结构支撑的作用，在主体结构杆件上的载荷比较少，自重又相对较小，所以把载荷分配到节点上也是比较切合实际的假设。

虽然假设桁架结构的内力只有轴向的力，而没有考虑弯曲和剪切的作用，但是在实际结构中，由于节点的非理想铰接等原因，还会同时存在弯矩和剪力，只是对轴力影响相对较小而已，因此不做重点考虑。

之所以在做桁架分析前做这么多的假设，就是为了把这个工程问题简化，抓住其主要矛盾，主要的受力在杆件的轴线方向上。简言之，桁架中的杆件可以当成二力杆件处理，这样会大大简化计算，也方便了计算机帮助我们计算复杂工程问题。

4.6.2 静定桁架和静不定桁架

桁架结构因其稳固性而被广泛应用。对处于平衡条件下的平面桁架来说，平面任意力系的三个方程仍然适用。因此，平面桁架问题可以求解三个未知数，也就是说可以求解每一个最基本单元三角形桁架的三根杆件内力。但是，在工程实际当中，人们会在三角形桁架上增加冗余的杆件，以获得结构更高的可靠性。因此，冗余杆件的受力是很难用平衡方程求解的。

把存在多余约束的桁架称为超静定桁架，不能直接用静力方程求出内力。而**无多余约束的桁架，称为静定桁架**，可以用静力方程直接求解内力。例如图4-35(a)为超静定桁架，图4-35(b)为平面简单桁架，图4-35(c)为非桁架结构。

(a) $m>2n-3$ 平面复杂(超静定)桁架

(b) $m=2n-3$ 平面简单(静定)桁架

(c) $m<2n-3$ 非桁架(机构)

图 4-35　超静定、静定和非桁架

4.6.3　平面桁架杆件内力的计算方法

桁架结构杆件的内力计算通常采用节点法与截面法两种方法进行计算，其理论依据是平面汇交力系和平面任意力系的理论。

1. 节点法

平面桁架的内力计算

以桁架中的节点为研究对象，由静力平衡方程求解全部未知的杆件内力称为节点法。节点法的理论基础是平面汇交力系的平衡理论。在应用节点法时，所选取节点的未知量一般不超过两个，因为平面汇交力系的平衡方程只有两个，只能求解两个未知数。

【例 4-9】已知荷载与尺寸如图 4-36 所示。求：每根杆所受力。

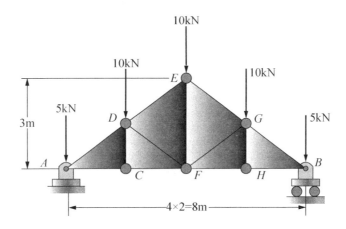

图 4-36 例 4-9 图

解：取整体，画受力图（图 4-37）得

$$\sum F_{ix} = 0, \quad F_{Ax} = 0$$

$$\sum M_B = 0, \quad -8F_{Ay} + 5 \times 8 + 10 \times 6 + 10 \times 4 + 10 \times 2 = 0$$

解得 $F_{Ay} = 20\text{kN}$。

$$\sum F_{iy} = 0, \quad F_{Ay} + F_{By} - 40 = 0$$

解得 $F_{By} = 20\text{kN}$。

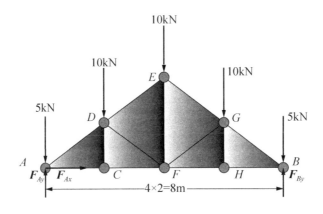

图 4-37 整体的受力

按照上述逻辑，依次求各杆内力。

取节点 A(图 4-38)得

$$\begin{cases} \sum F_{iy} = 0 \to F_{AD} \\ \sum F_{ix} = 0 \to F_{AC} \end{cases}$$

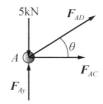

图 4-38 节点 A 受力图

取节点 C(图 4-39)得

$$\begin{cases} \sum F_{ix} = 0 \to F_{CF} \\ \sum F_{iy} = 0 \to F_{CD} = 0 \end{cases}$$

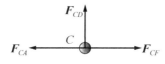

图 4-39 节点 C 受力图

取节点 D(图 4-40)得

$$\begin{cases} \sum F_{iy} = 0 \\ \sum F_{ix} = 0 \end{cases} \to F_{DF}, F_{DE}$$

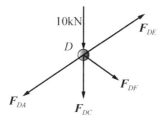

图 4-40 节点 D 受力图

取节点 E(图 4-41)得

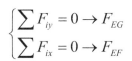

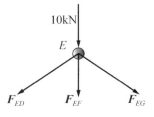

图 4-41　节点 E 受力图

2. 零杆

桁架中内力为零的杆件称为零杆。零杆的判断对桁架内力的计算具有积极的意义，可以简化求解的计算量。前面节点法的计算思路比较简单，但是需要对每一个节点逐一进行计算，因此计算量较大。如果可以提前判断出零杆，既可以减少计算量，也可以对结构设计进行创造性的改进。一些典型的零杆判断如下。

（1）一节点上有三根杆件，如果节点上无外力的作用，其中两根共线，则另一杆为零杆。如图 4-42 所示。

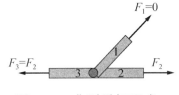

图 4-42　典型零杆形式 1

（2）一节点上只有两根不共线杆件，如果节点上无外力的作用，则两杆件均为零杆。如图 4-43 所示。

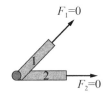

图 4-43　典型零杆形式 2

(3) 一节点上只有两根不共线杆件,如果作用在节点上的外力沿其中一杆,则另一杆为零杆。如图 4-44 所示。

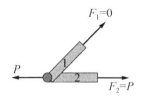

图 4-44　典型零杆形式 3

也许在计算速度突飞猛进的今天,上述判断零杆的模式已失去了以往所赋予的重要工程意义。读者也可以思考一下,如果计算机构建一个智慧的"观察器",不通过"傻算"的节点法判断,而是像人一样通过识别杆件的特征来判断零杆,就像前述这些人们判断零杆的经验,那么计算机构建的"观察器"就具备了一定的类人"智慧",这也不是一件很难的事情。机器更像人了,可以像人一样做出主动的判断。

【例 4-10】请指出图 4-45 所示结构的零杆。

解：由典型零杆形式 2,可以判断 AB 和 BC 是零杆；由典型零杆形式 1,可以判断 CI 是零杆,EG 是零杆,EH 是零杆。

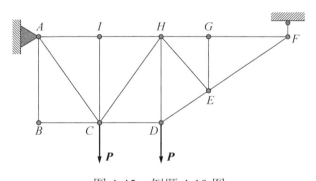

图 4-45　例题 4-10 图

3. 截面法

在计算桁架中某几个杆件所受内力时,可以适当地选取一个截面,假想地把桁架截开,再考虑其中任一部分的平衡,求出这些被截杆件的内力的方法称为截面法。截面法的理论基础是平面任意力系的平衡理论。在应用截面法时，适当选取截面截取桁架的一部分为研究对象。截面法的关键在于怎样选取适当的截面，而截面的形状并无任何限制。截面法其实就是一句话，利用平面任意力系的三个平衡方程，把截面暴露出的未知杆件的受力求解出来。

【例 4-11】 悬臂式桁架如图 4-46 所示，试求杆件 GH、HJ 和 HK 的内力。

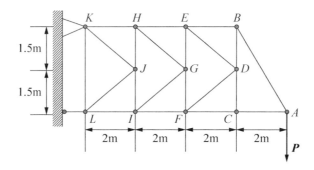

图 4-46　例题 4-11 图

解： 取 m-m 截面把桁架分为两部分，如图 4-47 所示。

取右半桁架为研究对象画受力图（图 4-48），对 I 点写矩方程，因为三根杆（HJ，GI，IF）汇交于 I 点，所以 HK 杆成了唯一的未知数，很容易可以求出其内力。

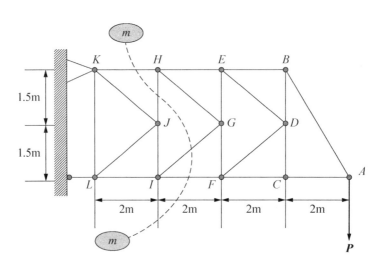

图 4-47　把桁架分为两部分

$$\sum M_I = 0, \quad 3F_{HK} - 6P = 0$$

解得 $F_{HK} = 2P$。

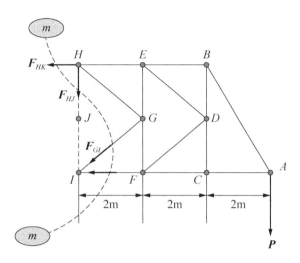

图 4-48 右半桁架受力

类似地，再取 n-n 截面截断桁架（图 4-49），并取右半桁架为研究对象画受力图（图 4-50）。同样的道理，可以求出 EH 杆的内力。

$$\sum M_F = 0, \quad 3F_{EH} - 4P = 0$$

解得 $F_{EH} = \dfrac{4}{3}P$。

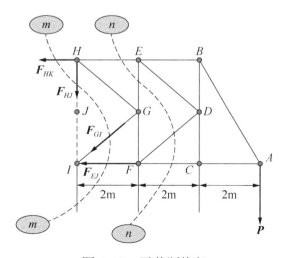

图 4-49 再截断桁架

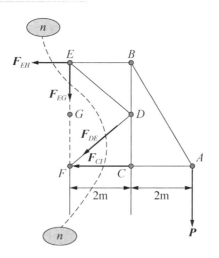

图 4-50　再右半桁架受力

再取节点 H 为研究对象，画受力图(图 4-51)，利用节点法得

$$\cos\theta = 0.8,\ \sin\theta = 0.6$$

$$\sum F_{ix} = 0,\ \ F_{HE} - F_{HK} + F_{HG}\cos\theta = 0$$

解得 $F_{HG} = \dfrac{5}{6}P$。

$$\sum F_{iy} = 0,\ \ -F_{HJ} - F_{HG}\sin\theta = 0$$

解得 $F_{HJ} = -\dfrac{P}{2}$。

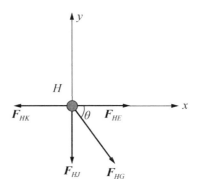

图 4-51　节点 H 受力

第5章 空间力系问题

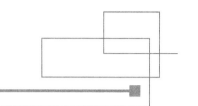

5.1 简单的空间力系问题

前面讨论了平面力系问题,这是出于从简单入手的基本思路。但是,真实结构力系中的各力作用线不会总在同一平面内,所以应该讨论空间力系。空间任意力系的定义是:力的作用线在空间任意分布的力系。这也是人所能直接感知的三维空间世界里最一般的力系。前面所讨论的平面力系都是它的特殊情况。通过前面的学习,不难分析得到,空间力系应该包括:空间汇交力系、空间力偶系和空间任意力系。

面对空间力系的分析,我们仍然会有一个问题:从何入手,该怎么研究这个空间力系的问题呢?其实,我们已经从平面力系的学习中获得了一些经验,如下所列。

(1)既然平面任意力系的关键是力的平移定理。通过这个定理可以把复杂的平面任意力系问题转换成平面汇交力系和平面力偶系问题,那么空间力系也可以如法炮制。

(2)平面的平移和空间的平移有本质区别吗?其实是没有的,只是把原先的力和力偶都放在空间进行考虑就可以了。如果完成了空间力的移动,实际上所有问题与平面问题就十分类似了。那么，我们下面要分析的重点也就清晰了。

① 如果空间力系汇交了，怎么分析呢？

② 如果空间力系向一点移动的时候产生了空间力偶，这些空间的力偶如何分析呢？

5.2 空间力的分解

空间汇交力系的分析关键是把空间的力分解到空间的 x、y、z 坐标轴上。这与平面汇交力系的分析方法是一脉相承的。通常来说，空间力的分解可以有两种投影方式，即一次直接投影法（图 5-1(a)）和二次间接投影法（图 5-1(b)）。

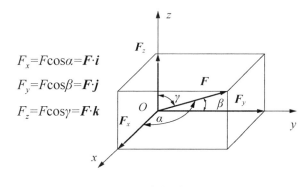

(a) 一次投影法

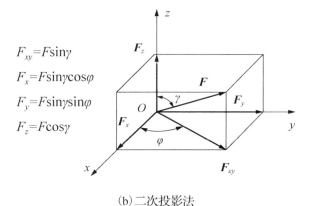

(b) 二次投影法

图 5-1 空间力系的投影

按照图 5-1 的任意一种模式，都可以把空间的任意力分解到三个坐标轴上，这样在三个坐标轴上进行代数的加减就可以计算出空间力系在三个坐标轴上的合力 $\sum F_x$、$\sum F_y$、$\sum F_z$，就可以计算出空间力系的合力为

$$F_R = \sqrt{(\sum F_x)^2 + (\sum F_y)^2 + (\sum F_z)^2}$$

其合力与各坐标轴的方向余弦为

$$\cos(\boldsymbol{F}_R, \boldsymbol{i}) = \frac{\sum F_x}{F_R}, \quad \cos(\boldsymbol{F}_R, \boldsymbol{j}) = \frac{\sum F_y}{F_R}, \quad \cos(\boldsymbol{F}_R, \boldsymbol{k}) = \frac{\sum F_z}{F_R}$$

5.3 空间力对点的矩

空间力对点的矩与平面力对点的矩既有其共同之处，又有差异。共同点就是力对点的矩都是产生一个旋转的作用效果，产生一个力矩。差异之处是：对于平面问题，力与矩点都在已知平面内，所以力对点的矩的旋转作用也在已知平面内；而空间问题，力与矩点不一定在同一已知平面内，因此旋转作用的平面需要具体分析。那么对于空间力对点的矩，旋转作用的平面该如何确定呢？这就需要数学的向量表达帮助我们获得答案了。

如果把力在平面上平移，只会产生顺时针或逆时针的力偶，所以通常把这样的力偶当成标量，以逆时针为正，顺时针为负来规定就可以了。很显然，空间的力移动时，由于空间是立体的，所以力偶也必然会立体起来。怎么研究这样的问题呢？依然是来看看平面力系怎么做的，当时研究了力对点的矩而产生了力矩，如果能把空间力对点的矩研究清楚，也就可以计算出空间力向某一点移动所产生的力矩了。下面进行分析。

先从数学分析入手，如图 5-2 所示。

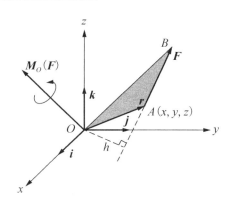

图 5-2 空间力对点的矩

这里有一个空间力 F,其在空间坐标系中的位置如图 5-2 所示,根据力对点的矩的定义,即

$$M_O(F) = r \times F$$

如果

$$r = xi + yj + zk \quad F = F_x i + F_y j + F_z k$$

则有

$$\begin{aligned}
M_O(F) &= (r \times F) \\
&= (xi + yj + zk) \times (F_x i + F_y j + F_z k) \\
&= \begin{vmatrix} i & j & k \\ x & y & z \\ F_x & F_y & F_z \end{vmatrix} = (yF_z - zF_y)i + (zF_x - xF_z)j + (xF_y - yF_x)k
\end{aligned}$$

单纯给出上述数学表达式还是远远不够的,对于工程师来说,最为关键的是理解数学公式的物理内涵,上面的数学表达式告诉我们什么信息呢?

仔细观察最后的表达式,i、j、k 三个方向上分别都有分量,同时结合图 5-2 的方向,最终的力偶方向是用右手法确定的垂直于 ABO 平面的力偶方向,最终的旋转方向是如图 5-2 所示的一个空间旋转作用。结合数学公式与空间示意,可以得到:空间力对点的矩是空间力对各个坐标轴 (i, j, k) 的旋转作用的综合效果体现。其实，空间力偶（旋转作用）在空间的分解和力在空间的分解是很类似的，它们都可以分解到三个坐标轴上。对于力的分解是力沿着坐标轴的作用效果，而力偶的分解是绕着坐标轴的旋转效果。也就是说空间力和力偶都可以用三个坐标轴上的分量合成来表达。

下面再讨论一个在工程实践当中经常会遇到的问题，力对轴的矩。

5.4 空间力对轴的矩

力对轴的矩是力使刚体绕轴转动效果的度量，是一个代数量，其绝对值等于该力在垂直于转轴的平面上的投影对该平面与转轴的交点的矩，如图 5-3 所示。

$$F_{xy} = F\cos\theta$$

$$m_z(\boldsymbol{F}) = \pm F_{xy} \cdot d$$

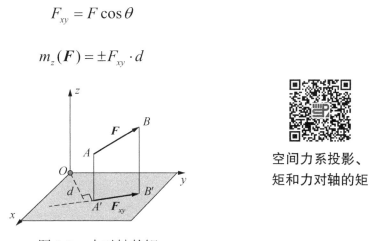

空间力系投影、矩和力对轴的矩

图 5-3 力对轴的矩

上述定义和计算式看似复杂，其实也很简单。首先，力对轴的矩是一个转动效果，这与我们的生活经验非常相符，如我们平时推门、打开折叠的笔记本电脑、开车时扭动方向盘等动作都是力对轴的矩的典型应用。那么，力对轴的矩或者说力对轴的转动作用的大小由什么来决定呢？观察上面给出的公式会发现，这个转动作用的大小与两个参数相关，即 F_{xy} 和 d。

F_{xy} 是反映空间力是否在垂直于轴的平面上有投影，d 是这个投影距离轴的垂直距离。当一个空间的力与某一个轴共面时，即力与轴相交（$d=0$）或者力与轴平行（$F_{xy}=0$），这时的空间力是对轴不会产生任何旋转作用的，即公式 $M_z(\boldsymbol{F})=\pm F_{xy}\cdot d$ 的任何一项为零，力对轴的矩都为零。

我们都有这样的生活经验，如果推门的时候不去推门把手，而是沿着门的任何方向拉拽门都是打不开门的，因为此时拉拽的力与门轴共面了。反之，当力与轴异面时，即 F_{xy} 和 d 都不为零，那么就会有旋转作用产生。

讨论： 本章简单介绍了空间力系的基础知识，读者可以继续深入学习，如空间力系的简化、平衡方程，空间力系的求解等。空间力系与平面力系是一脉相承的，重点是把平面的基本问题扩展到空间去考虑。其中一个重要的不同之处是，空间力系简化可以化成力螺旋，即力和沿着力的方向的力偶。与平面内的力和力偶一样，这也是静力学里面的一个基本基石，不能对它再继续简化了。虽然空间力系公式显得比较繁复，但是分析的思想，与平面力系问题没有本质的区别，关键是建立空间问题的想象能力。这部分内容就不再深入讨论了，读者可以自学完成。

第6章 摩擦

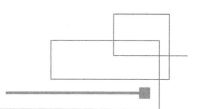

6.1 摩擦及其分类

摩擦是一个看似简单实则非常复杂的物理现象。摩擦力是阻碍物体相对运动（或运动趋势）的力。摩擦力的方向与物体相对运动（或相对运动趋势）的方向相反。

摩擦力的本质，在几百年来人们一直是莫衷一是。主流的观点有两种产生机理：凹凸啮合说和黏附说。啮合说认为摩擦力是由相互接触的物体表面粗糙不平产生的。摩擦黏附说认为摩擦力与两个表面之间的分子引力相关。人们通过不断的实验和计算分析，上述两个理论提出的机理都能产生摩擦，其中黏附理论比啮合理论更为普遍。在不同材料上，两种机理的表现各有偏向，如对于金属材料，产生的摩擦以黏附作用为主；而对于木材，产生的摩擦以啮合作用为主。实际上，关于摩擦力的本质，目前尚未有定论，还有待人们深入讨论研究。

摩擦的分类如果按照被摩擦物体的特点，可以分为固体摩擦、液体摩擦、混合摩擦。如果按照摩擦力的特点，可以分为静摩擦、滑动摩擦和滚动摩擦。这里必须指出的是，任何一种分类都是有风险的，因为只要分类了就意味着有些情况可能被排除在外。因此，在思考摩擦问题的时候最好拥有一颗开阔的心去分析一切可能的摩擦问题。不过，进行分类往往可以帮助人们对问题形成清晰的理论框架体系。

6.2 摩擦的基本问题

静滑动摩擦：如图 6-1 所示物块有向右运动的趋势，产生向左的摩擦力，这个摩擦力的大小范围为

$$0 \leqslant F \leqslant F_{\max}$$

其中，$F_{\max} = f_s \cdot F_N$；f_s 为静滑动摩擦系数。

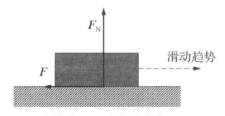

F-摩擦力；F_N-法向约束力

图 6-1　静滑动摩擦力计算

注意：当摩擦力未达到最大值时，其大小由平衡方程确定。

滑动摩擦：如图 6-2 所示物块向右运动，滑动过程中产生向左的摩擦力，这个摩擦力的大小为

$$F = f_d \cdot F_N$$

其中，f_d 为动滑动摩擦系数。

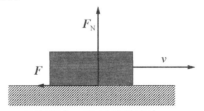

F-摩擦力；F_N-法向约束力

图 6-2　动滑动摩擦力计算

通常静滑动摩擦系数比动滑动摩擦系数略大，有 $f_d \leqslant f_s$。举例来说，在北方冬天滑冰车，一旦你把小伙伴的冰车推动了，就不会费多大力气，冰车也滑得飞快，这就是静滑动摩擦系数(开始推冰车时费力)大于动滑动摩擦系数(滑动起来省力)的原因。应该特别注意，摩擦系数是一个没有单位的数值，滑动摩擦系数与接触物体的材料、表面光滑程度、干湿程度、表面温度、相对运动速度等都有关系。不同材料间的摩擦系数可以通过查表获得，如机械工程手册，但是对于一些特殊的材料来说就必须通过实验测定来确定。对于摩擦系数问题，美国麻省理工学院的公开课有一些非常有趣的实验，读者可以前去学习，一定会给大家不少启发。

6.2.1　静摩擦力

在工程上有人认为静摩擦力不应该算摩擦力，这也许是一个很出乎意料的观点。但是仔细揣摩，却十分值得思考。先看一个大家都比较熟悉的斜面滑块问题分析，如图 6-3 所示。

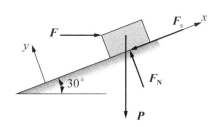

摩擦例题

图 6-3　斜面滑块问题

这是中学物理的经典习题之一，大家肯定能很快地分析出这个问题当中的摩擦力 F_s。这里就不再用受力分析的模式去思考它了。我们换一种思维模式，这个问题到底想反映什么本质问题？

其实，这个问题的一个重要实质就是物块的重力 P 与向上的推力 F 之间的博弈平衡。当重物比较重的时候，力 F 不够大，物体有向下运动的趋势，摩擦力就沿着斜面向上帮助推力保持物块的平衡。而当重物比较轻的时候，力 F 足够大，而且有推动物体向上运动的趋势，摩擦力则变转方向沿着斜面向下，帮助重力保持物块的平衡。

此所谓天之道：损有余者，而补不足。

静摩擦力是一个非常神奇的力，它有好几个非常有趣的特点，确实是其他摩擦力所不具备的，值得大家仔细体会：

① 静摩擦力可有、可无，根据平衡状况而定。

② 静摩擦力方向不定，根据平衡状况而定。

③ 静摩擦力"静而不动"，不会做功，不产生能量耗散（通常如此，有时也有例外）。

变幻莫测的静摩擦力真的是与众不同，笔者觉得静摩擦力是一个非常"低调"的力，从不显山露水，好像并不需要它，可是一旦失去，就难保太"平"。静摩擦力总是致力于保持物体系统的平衡，可有、可无而且方向还可变；它还是一个"虚无"的力，有了它能量既不增也不减，着实有趣，也难怪人们花了很多工夫研究它。

6.2.2 摩擦自锁

在讨论静滑动摩擦时，静摩擦力不一定达到最大值，可在零与最大值之间变化。定义此时由支持力和摩擦力合成的合力为全约束力，如图 6-4(a)所示，F_R 为全约束力，全约束力与法线方向（支持力方向）的夹角为 φ。当静摩擦力达到最大时，或者说物体处于临界平衡状态时，此时的 φ 角达到最大，称之为摩擦角，如图 6-4(b)所示。此时全约束力和法线间的夹角，即摩擦角 φ_f，其正切值等于静滑动摩擦系数，即

$$\tan\varphi_f = \frac{F_{max}}{F_N} = \frac{f_s F_N}{F_N} = f_s$$

如果把平面问题推广到空间，我们可以想象，由摩擦角在空间内可以形成一个摩擦锥（角），如图 6-4(c)所示，未达到最大静摩擦力时的夹角 φ，一定满足式子：

$$0 \leq \varphi \leq \varphi_f$$

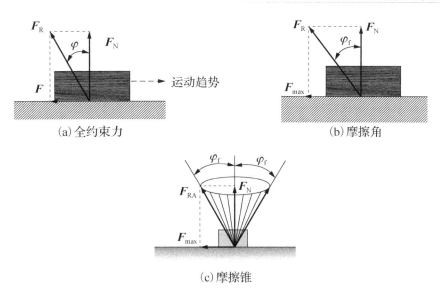

图 6-4　全约束力、摩擦角及摩擦锥

如果作用于物体上的主动力的作用线在摩擦角之内，则无论这个力多么大，总有一个全反力与之平衡，确保物体保持静止；反之，如果主动力的作用线在摩擦角以外，则无论这个力多么小，物体也难保平衡。这种与力大小无关而与摩擦角有关的平衡条件称为**自锁条件**。物体在这种条件下的平衡现象称为**自锁现象**，如图 6-5 所示。如果简单的理解这个现象就是：F_R 由摩擦力和支持力构成，如果 F_R 在摩擦角以外，如图 6-5(b) 所示，此时 F_R 在摩擦力方向上的分量一定大于最大静摩擦力，也就是说系统怎么也平衡不了，只有如图 6-5(a) 所示的情形才能保持平衡状态。

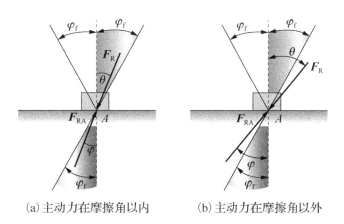

图 6-5　主动力与摩擦角

自锁现象在生活中非常常见，如攀爬电线杆时采用的登高脚蹬(图 6-6)，连我们习以为常的螺栓上的螺纹都应用到了摩擦自锁的现象。

图 6-6　常见的摩擦自锁现象——登高脚蹬

以螺栓上的螺纹为例，将螺栓上的螺纹简化，如图 6-7 所示，可以看到螺栓上的螺纹与螺母之间的摩擦可以近似简化成斜面滑块问题。此时，作用于滑块上的主动力为重力 P，滑块与斜面间的摩擦角为 φ_f（摩擦角可由摩擦系数的反正切值求得），螺纹升角为 θ（此角度为斜面法线方向与重力 P 之间的夹角）。主动力（重力 P）的作用线在摩擦角之内，即 $\theta \leqslant \varphi_f$，滑块会发生自锁不会下滑，这就是螺纹的自锁条件；反之，螺母会自动沿着螺栓的螺纹滑动。

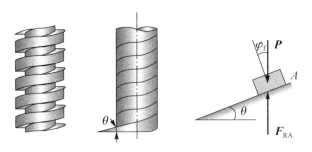

图 6-7　螺栓螺纹的自锁原理

6.2.3　滚动摩阻

相信很多人都会有这样的体会，物体滚动比滑动时摩擦阻力要小，比如有学者在分析埃及金字塔运送巨大石料的时候就假设古埃及人采用了滚木运送石块。那滚动的摩擦力为什么会小呢？

首先,从一个刚体辊子的示例来分析,当辊子静止不动时,重力与支持力平衡,如图6-8(a)所示。现在沿着辊子的中心拉动它,相应的地面产生相反方向的摩擦力,如图6-8(b)所示。可是这里出现了一个与实际情况非常矛盾的现象,通常情况下拉动很重的辊子是不会一下子就能拉动的,肯定需要用点力气,而仔细分析图6-8(b)的受力分析,不难发现水平拉力和摩擦力组成了一对力偶,而且没有其他力偶可以与它平衡,所以无论辊子多重都应该会马上转动,这与实际情况很不相符,说明受力分析存在不足之处,与实际情况有出入。

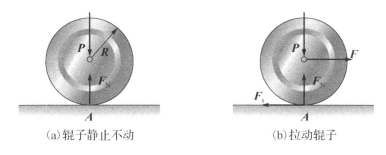

(a)辊子静止不动　　　　　　(b)拉动辊子

图6-8　辊子静止和拉动——只考虑滑动摩擦

为了解决这个问题,必须把真实情况纳入这个问题的分析当中。首先,比较重的辊子会使得地面发生变形,示意图如图6-9所示,变形会根据外力的方向而变化。

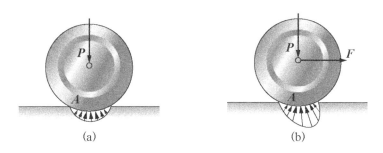

(a)　　　　　　　　(b)

图6-9　地面局部变形示意图

这些变形使得局部受力发生变化。利用平面任意力系的合成思想,虽然辊子与地面接触处的受力比较复杂,但是可以通过移动找到这些力系的合力,如图6-10(a)所示。因为合力的方向很难确定,所以要进一步简化分析,把合力移动到重心下方辊子与地面的接触处,如图6-10(b)所示。进一步化简,把合力分解到两个方向上，得到辊子比较合理的受力分析，如图 6-10(c) 所示。

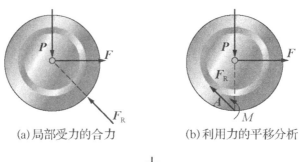

(a) 局部受力的合力　　(b) 利用力的平移分析

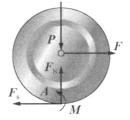

(c) 在中心下方分解合力

图 6-10　辊子受力分析

比较图 6-10(a) 与 (b)，不难发现，这个分析过程增加了一个力偶。因此，在考虑实际情况之后，需要引入一个新的概念——**滚动摩阻**。当两物体有相对滚动趋势或有相对滚动时，在接触部分产生对滚动的阻碍作用称为**滚动摩阻**。滚动摩阻的产生是由于接触部分变形而产生的阻碍物体滚动的力偶。滚动摩阻力偶的方向与滚动趋势方向相反，其矩称为滚动摩阻力偶矩。滚动摩阻力偶矩具有最大值，物体平衡时，其取值范围为 $0 \leqslant M \leqslant M_{max}$，与滑动摩擦类似，最大滚动摩阻的计算公式为

$$M_{max} = \delta F_N$$

其中，δ 为滚动摩阻系数。

滚动摩擦和滑动摩擦是两种性质不同的摩擦现象。滚动摩阻系数与滑动摩擦系数没有直接关系。一般而言，有滚动摩擦存在时，必有滑动摩擦存在；反之，有滑动摩擦存在时，不一定有滚动摩擦存在。有时为了处理问题的方便，经过简化后，即使是物体的滚动问题，也可以忽略滚动摩擦。因为，往往滚动摩擦要远远小于滑动摩擦。

讨论：滚动比滑动真的省力吗？

处于临界滚动的辊子如图 6-11(a)所示，轮心拉力为 F_1，其最大滚动摩阻及轮心拉力计算为

$$M_{\max} = \delta F_N = F_1 R$$

$$F_1 = \frac{\delta}{R} F_N$$

滑块处于临界滑动状态，如图 6-11(b)所示（把轮子当成一个滑块），其最大滑动摩擦力及轮心拉力计算为

$$F_{\max} = f_s F_N = F_2$$

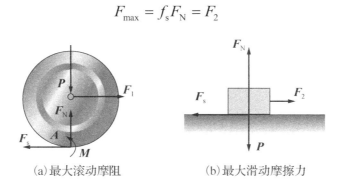

(a) 最大滚动摩阻　　(b) 最大滑动摩擦力

图 6-11　滚动摩擦与滑动摩擦的比较

采用真实轮胎案例来比较两种摩擦的大小。

某型号车轮半径为 $R = 450\text{mm}$，混凝土路面的 $\delta = 3.15\text{mm}$，$f_s = 0.7$，则

$$\frac{F_2}{F_1} = \frac{f_s R}{\delta} = \frac{0.7 \times 450}{3.15} = 100$$

可见，打破最大静滑动摩擦力所需的拉力是打破滚动摩擦的 100 倍。

一般情况有

$$\frac{\delta}{R} < f_s \quad \text{或} \quad \frac{\delta}{R} \ll f_s$$

则

$$F_1 < F_2 \quad 或 \quad F_1 \ll F_2$$

6.2.4 摩擦力参与的静力学简单计算

【例 6-1】已知：如图 6-12 所示，均质木箱重 $P = 5\text{kN}$，$f_s = 0.4$，$h = 2a = 2\text{m}$，$\theta = 30°$。求：(1) 当 D 处为拉力 $F=1\text{kN}$ 时，木箱是否平衡。(2) 能保持木箱平衡的最大拉力。

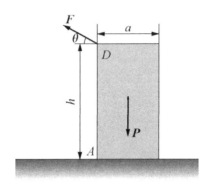

图 6-12　例题 6-1 图

分析：欲保持木箱平衡，必须满足两个条件：一是不发生滑动，即要求静摩擦力 $F_s < F_{max} = f_s F_N$；二是不绕 A 点翻倒，法向约束力 $\boldsymbol{F}_N$ 的作用线距点 A 的距离 $d > 0$。

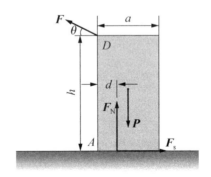

图 6-13　木箱受力分析图

解：(1) 取木箱，画受力图(图 6-13)，设其处于平衡状态，即有

$$\sum F_x = 0, \quad F_s - F\cos\theta = 0$$

$$\sum F_y = 0, \quad F_N - P + F\sin\theta = 0$$

$$\sum M_A = 0, \quad hF\cos\theta - P \cdot \frac{a}{2} + F_N d = 0$$

解得 $F_s = 866\text{N}$，$F_N = 4500\text{N}$，$d = 0.171\text{m}$。即

$$F_{\max} = f_s F_N = 1800\text{N}$$

因 $F_s < F_{\max}$，木箱不会滑动；又 $d > 0$，木箱无翻倒趋势，木箱平衡。

(2) 为了求得保持平衡的最大拉力 $\boldsymbol{F}$，可分别求出木箱将滑动时的临界拉力 $\boldsymbol{F}_1$ 和木箱将绕 A 点翻倒的临界拉力 $\boldsymbol{F}_2$。二者中取其较小者，即为所求。

设木箱将要滑动时拉力为 $\boldsymbol{F}_1$，根据图 6-13 有

$$\sum F_x = 0, \quad F_s - F_1\cos\theta = 0$$

$$\sum F_y = 0, \quad F_N - P + F_1\sin\theta = 0$$

又有

$$F_s = F_{\max} = f_s F_N$$

解得 $F_1 = \dfrac{f_s P}{\cos\theta + f_s \sin\theta} = 1876\text{N}$。

设木箱有翻动趋势时拉力为 $\boldsymbol{F}_2$，此时 $d = 0$，根据图 6-13 有

$$\sum M_A = 0, \quad F_2\cos\theta \cdot h - P \cdot \frac{a}{2} = 0$$

解得 $F_2 = \dfrac{Pa}{2h\cos\theta} = 1443\text{N}$，即能保持木箱平衡的最大拉力为 1443N。

* 对于此题，先解答完(2)，自然有(1)。

要点与讨论：本题在求解物体的平衡问题时，除了考虑物体底面上的静摩擦力 $\boldsymbol{F}_s$ 外，同时注意到了法向约束力 $\boldsymbol{F}_N$ 作用线在底面上的位置。这对于一些需考

虑翻倒的问题是很必要的。此外，法向约束力分布在木箱底面，是一分布力系，F_N 是其合力。在力 F 的作用下，力的作用线将向 A 端移动。

【例 6-2】已知如图 6-14 所示的结构，转轮拖动一个辊子上坡，已知 P、R、θ、δ。求：(1) 使系统平衡时，力偶矩 M_B；(2) 圆柱 O 匀速纯滚动时，静滑动摩擦系数的最小值。

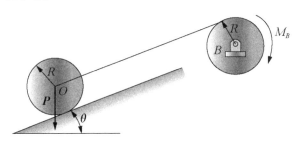

图 6-14 例题 6-2 图

分析：在圆柱即将滚动的临界状态，滚阻力偶矩达最大值，即 $M_{\max} = \delta F_N$，转向与滚动趋势相反。当拉力最小时，圆柱有向下滚动的趋势；拉力最大时，圆柱有向上滚动的趋势。因此可取圆柱为研究对象，先求绳子拉力，即可确定力偶矩 M_B。

解：(1) 使系统平衡时的情况。

① 设圆柱 O 有向下滚动趋势，取圆柱 O 为研究对象，画受力图如图 6-15 所示。

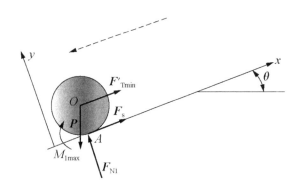

图 6-15 有向下滚动趋势

$$\sum M_A = 0, \quad P\sin\theta \cdot R - F'_{T\min} \cdot R - M_{1\max} = 0$$

$$\sum F_y = 0, \quad F_{N1} - P\cos\theta = 0$$

又 $M_{1\max} = \delta F_{N1}$,联立解得

$$F'_{T\min} = P(\sin\theta - \frac{\delta}{R}\cos\theta)$$

② 设圆柱 O 有向上滚动趋势,取圆柱 O 为研究对象,画受力图如图 6-16 所示。

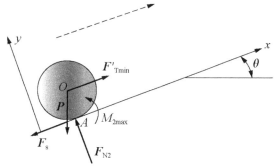

图 6-16 有向上滚动趋势

$$\sum M_A = 0, \quad P\sin\theta \cdot R - F'_{T\max} \cdot R + M_{2\max} = 0$$

$$\sum F_y = 0, \quad F_{N2} - P\cos\theta = 0$$

又 $M_{2\max} = \delta F_{N2}$,联立解得

$$F'_{T\max} = P(\sin\theta + \frac{\delta}{R}\cos\theta)$$

综上所述,可知系统平衡时的力偶矩 M_B 的取值为

$$P\left(\sin\theta - \frac{\delta}{R}\cos\theta\right) \leqslant M_B \leqslant P\left(\sin\theta + \frac{\delta}{R}\cos\theta\right)$$

(2) 设圆柱 O 匀速纯滚动时,受力图如图 6-17 所示。

$$\sum M_O = 0 \quad F_s \cdot R - M_{\max} = 0$$

$$\sum F_y = 0 \quad F_N - P\cos\theta = 0$$

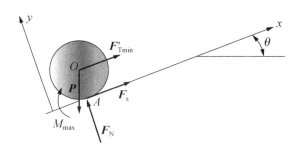

图 6-17 圆柱 O 匀速纯滚动

又 $M_{\max} = \delta F_N$，解得

$$F_s = \frac{\delta}{R} P\cos\theta$$

只滚不滑时，应有 $F_s \leqslant f_s F_N = f_s P\cos\theta$，则

$$f_s \geqslant \frac{\delta}{R}$$

同理，圆柱 O 向上滚动时，受力如图 6-16 所示，得 $f_s \geqslant \dfrac{\delta}{R}$。

故圆柱匀速纯滚动时，$f_s \geqslant \dfrac{\delta}{R}$。

【例 6-3】 如图 6-18 所示，卷线轮重 P，静止放在粗糙水平面上。绕在轮轴上的线的拉力为 T，与水平面成 α 夹角，卷线轮尺寸如图所示。设卷线轮与水平面间的静滑动摩擦系数为 f，滚动摩阻系数为 δ。求：(1) 维持卷线轮静止时线的拉力 T 的大小；(2) 保持 T 力大小不变，改变其方向角 α，求使卷线轮只匀速滚动而不滑动的条件。

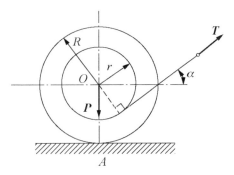

图 6-18 例题 6-3 图

分析：卷线轮失去静止平衡，开始运动有两种可能：

(1) 当 $F_s > F_{max} = f F_N$ 时，卷线轮开始滑动；

(2) 当 $M_f > M_{max} = \delta F_N$ 时，卷线轮开始滚动。

求解时分别考虑这两种情况，确定卷线轮静止时的拉力 T。

解：以卷线轮为研究对象，考虑卷线轮处于非临界平衡状态，受力如图 6-19 所示。

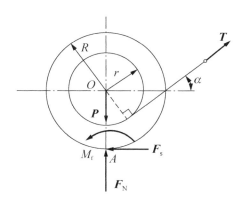

图 6-19 卷线轮的受力图

$$\sum F_x = 0, \quad T\cos\alpha - F_s = 0$$

解得 $F_s = T\cos\alpha$。

$$\sum F_y = 0, \quad T\sin\alpha - P + F_N = 0$$

解得 $F_N = -T\sin\alpha + P$。

$$\sum M_A(F) = 0, \quad M_f - T(R\cos\alpha - r) = 0$$

解得 $M_f = T(R\cos\alpha - r)$。于是有

$$F_{max} = f F_N = f(-T\sin\alpha + P)$$

$$M_{max} = \delta F_N = \delta(-T\sin\alpha + P)$$

(1) 保持卷线轮静止的条件为

$$F_s \leqslant F_{\max}, \quad M_f \leqslant M_{\max}$$

所以

$$F_s = T\cos\alpha \leqslant f(-T\sin\alpha + P)$$

$$M_f = T(R\cos\alpha - r) \leqslant \delta(-T\sin\alpha + P)$$

卷线轮不滑动条件为

$$T \leqslant \frac{fP}{\cos\alpha + f\sin\alpha}$$

卷线轮不滚动条件为

$$T \leqslant \frac{\delta P}{R\cos\alpha - r + \delta\sin\alpha}$$

因此，当拉力 **T** 同时满足上述两个条件时，卷线轮静止。

(2) 卷线轮只匀速滚动而不滑动的条件为

$$F_s < F_{\max}, \quad M_f = M_{\max}$$

则有

$$\frac{\delta P}{R\cos\alpha - r + \delta\sin\alpha} < \frac{fP}{\cos\alpha + f\sin\alpha}$$

解得 $f > \dfrac{\delta\cos\alpha}{R\cos\alpha - r}$ 为卷线轮只滚不滑的条件。

参 考 文 献

顾惠琳，徐烈烜，王斌耀，2006. 工程力学. 上海：同济大学出版社.

哈尔滨工业大学理论力学教研室，2009. 理论力学（Ⅰ）. 7 版. 北京：高等教育出版社

哈尔滨工业大学理论力学教研室，2009. 理论力学（Ⅱ）. 7 版. 北京：高等教育出版社

DEN HARTOG J P, 1961. Mechanics. New York: Dover Publications, Inc.